엄마 아빠와 함께

학생발명대회
도전하기

엄마 아빠와 함께 학생발명대회 도전하기

발행일	2022년 5월 25일

지은이 지현진, 안효정, 지성준
펴낸이 손형국
펴낸곳 (주)북랩
편집인 선일영   편집 정두철, 배진용, 김현아, 박준, 장하영
디자인 이현수, 김민하, 안유경, 김영주   제작 박기성, 황동현, 구성우, 권태련
마케팅 김회란, 박진관
출판등록 2004. 12. 1(제2012-000051호)
주소 서울특별시 금천구 가산디지털 1로 168, 우림라이온스밸리 B동 B113~114호, C동 B101호
홈페이지 www.book.co.kr
전화번호 (02)2026-5777   팩스 (02)2026-5747

ISBN 979-11-6836-319-9 93500 (종이책)   979-11-6836-320-5 95500 (전자책)

(주)북랩 성공출판의 파트너

북랩 홈페이지와 패밀리 사이트에서 다양한 출판 솔루션을 만나 보세요!

홈페이지 book.co.kr   •   **블로그** blog.naver.com/essaybook   •   **출판문의** book@book.co.kr

작가 연락처 문의 ▸ ask.book.co.kr

작가 연락처는 개인정보이므로 북랩에서 알려드릴 수 없습니다.

우리 아이를 발명가로
만들기 위한 부모 필독서

엄마 아빠와 함께
학생발명대회
도전하기

지현진·안효정·지성준
함께 지음

북랩

머리말

발명은 대단하지만 대단하지 않다. 그것은 지루한 일상에서 느끼는 짜릿한 전율이면서 꾸준하게 정진하는 도중에 길어 올리는 수확이기도 하다. 어느 쪽이든 발명은 두 눈 크게 뜨고 삶의 즐거움과 희열, 성취를 얻는 일이며 순수한 즐거움을 느낄 수 있는 방법이다. 발명을 선택한 순간, 우리는 발명가가 된다.

발명가! 얼마나 멋진 단어인가! 그것은 '내 삶의 주체는 나이고, 나의 능력을 개발하는 데 주저하지 않을 것이며, 긍정적인 사람으로 살아가겠다'는 의미가 된다. 나는 비관적인 발명가를 본 적이 없다.

그래서 나는 내 아이가 발명가가 되기를 바랐다. 직업이 아니라 삶의 태도로서 발명가이길 바랐다. 머릿속에서 떠오른 아이디어를 손으로 만들어 낼 수 있는 실행력과 적극성을 바탕으로 성장하기를 원했다. 때마침 학교에서는 발명대회에 대한 안내문이 날아왔다. 나는 발명이 교육으로서 적합한 분야라는 것을 확인했다. 그러니 안 할 이유가 없었다. 나는 내 아이가 발명을 통해 얻게 될 많은 것들에 마음이 두근거렸다.

그러나 발명에 돌입하자 금방 깨닫게 되었다. 왜 우리나라에서는 발명이 활발해지기 어려운지를.

우선 우리나라는 발명에 필요한 물리적 공간부터가 부족하다. 발명을 하려면 제멋대로 그림을 그리고 물건을 해체하고 납땜기를 쓰고 망치질을 하며 자신의 창의력을 마음껏 표출해야 한다. 그런데 우리는 그걸 담아낼 공간이 없다. 미래 사회를 선도하는 미국의 HP, 페이스북Facebook, 애플Apple 등 대기업들이 모두 집 옆 차고지에서 시작한 사실을 떠올려 보라. 그들은 차고에서, 다락방에서 상상하고, 놀고, 기술을 숙련하고 서로 뜻을 모았다.

반면 우리의 아이들에게 허락된 공간은 아파트가 대부분이다. 층간 소음 때문에 살인이 일어나는 황폐한 공간이 전부다. 학교라고 다를까. 학교에도 발명 교육을 위한 별도의 시설은 존재하지 않는다. 게다가 입시에 모든 에너지를 집중하고 있는 현 교육 현장에서 발명은 참 어려운 일이다.

발명과 관련된 참고 서적도 부족하다. 지금까지 출판된 발명 관련 책은 대부분 학생발명대회에서 '대통령상'을 수상한 교사들이 직접 지도한 학생들의 사례를 바탕으로 구성되어 있다. 처음에 그런 도서를 구매해 보았으나 실제적인 도움을 받았다고 생각되는 책은 하나도 없었다. 왜냐하면 모두 구체적인 설명을 포함하지 않았고 대통령상을 수상한 발명 사례들만 나열되어 있었기 때문이다. 어떻게 만들어서 대통령상을 수상했다는 것은 잘 알겠는데, 도대체 이걸 어떻게 나의 경우에 접목할 수 있을지 알 수 없었다. 우리는 많이 헤매고 방황해야 했다.

이 책은 그런 경험을 바탕으로 시작했다. 내가 말하고자 하는 것은 학생발명대회에서 받는 상의 격을 올리는 방법이 아니다. 즉, 아이가 학생발명대회에 참가해 대통령상을 수상하는 것을 목표로 두고 쓰지 않았다.

대신에 자녀가 아빠, 엄마와 함께 학생발명대회에 참가하고 준비하는 과정에 중점을 두었다. 그러므로 이 책의 80%는 자녀를 위한 내용이고 나머지 20%는 부모를 위한 내용이다. 그렇다고 해서 아이가 이 책을 정독해야 한다는 것은 절대 아니다. 부모가 이 책을 읽고 난 뒤 자녀가 80%의 내용을 직접 실행할 수 있도록 주변 환경을 조성하고 관리해 주기를 바란다.

앞서 말한 것처럼 우리나라의 주거 환경에서는 부모의 노력 없이 발명에 몰두하기 어렵다. 한 가지 귀띔을 한다면, 발명의 과정이 올바르고 부모가 조금만 노력한다면 학생발명대회에서 입상하는 것은 쉽다. 아이에게 적절한 보상이 이루어지면 더욱 흥미를 유발한다는 점에서 이를 놓칠 수는 없다.

요약하자면 이 책은 학생발명대회에 도전했던 경험으로부터 얻은 노하우를 정리한 결과물이다. 발명대회 참가 전략 수립, 발명 아이디어 도출 방법, 선행 기술 조사 방법, 발명품 제작 방법, 파워포인트 작성 방법, 발표 방법 등 일련의 과정 순서로 기술했다. 각 챕터마다 발명대회 참가자인 자녀가 해야 할 일과 선생님이자 관리자인 부모가 해야 할 일을 구분해 작성했다. 그리고 최종적으로는 무료로 특허를 등록할 수 있는 방법에 대해서도 소개했다.

아무쪼록 이 책을 통해 척박한 환경 속에서도 수많은 발명가가 배출되어 미래의 스티브 잡스Steve Jobs(애플 창시자)와 마크 저커버그Mark Zukerberg(페이스북 창립자)가 탄생하길 기대해 본다.

차
례

STEP 4
발명품은 이렇게 만들어라

STEP 5
발명대회별 구체적 참가 방법 및 자료 준비

STEP 6
발표용 파워포인트 만들기

STEP 7
발표하기

STEP 8
발명대회의 끝은 특허 출원과 등록

STEP 1

학생발명대회 종류 및 특징은 무엇인가?

발명이란?

만물의 영장인 인간은 동물들 중에서 유일하게 창조적인 활동을 할 수 있다. 인간의 창조적인 활동 중에는 발명이 있다. 발명은 전에 없던 새로운 기계, 물건, 작업 과정 따위를 창조하는 일로서, 신규성의 요소를 보여 주는 물체, 과정, 기술을 말한다. 사람들은 발명을 통해 새로운 기계나 물건을 개발했고, 그것을 팔아 돈을 벌고 싶어 했다. 그러다 보니 발명의 소유에 대한 법적 보호 장치가 필요했고, 특허 제도가 만들어졌다. 대한민국의 「특허법」에서는 특허의 대상이 될 수 있는 발명의 의미를 다음과 같이 정의하고 있다.

"발명"이라 함은 자연법칙을 이용한 기술적 사상의 창작으로서 고도高度한 것을 말한다. (「특허법」 제2조 제1호)

다시 정리하자면 발명의 기본 요건은 다음과 같다. ① 자연법칙自然法則을 이용한 것이어야 한다. ② 기술적 사상思想이 반영된 것이어야 한다. ③ 창작創作적인 것이어야 한다. ④ 고도성高度性이 인정되는 것이어야 한다. 그 외에도 산업상의 이용가능성利用可能性과 신규성新規性을 그 요건으로 들 수 있다. 예를 들어 어떤 사람이 외계인이 타고 다닐 법한 UFOUnidentified Flying Object를 그려 놓고 "순간이동이 가능한 비행체를 발명했다."라고 주장하더라도, 위의 네 가지 요소에 위배되기 때문에 (특히 자연법칙을 이용하지 않았기 때문에) 특허권을 받을 수 없다.

발명은 인간의 삶과 밀접한 관계가 있으며, 인간 삶을 윤택하게 만들어 줄 뿐만 아니라 인간 사회를 더욱 발전시켜 준다. 사회가 발전해 고도화될수록 발명은 나라의 경제를 지탱하는 가장 핵심적인 요소로 인식되고 있다. 그래서 선진국은 학생들을 위한 발명 교육의 중요성을 강조하고 있으며, 발명을 직간접으로 체험할 수 있는 프로그램을 개발해 홍보하고 있다. 우리나라도 1980년을 전후해서 산업구조가 빠른 속도로 고도화될 것으로 전망되면서 차세대 과학기술 인력을 양성하는 것이 중요한 숙제로 부상했다. 이러한 배경에서 1980년대에는 청소년을 대상으로 한 과학경진대회가 잇달아 개최되었는데, 전국학생과학발명품경진대회는 그 대표적인 사례에 해당한다.

학생발명대회 종류

학생발명품대회는 과학에 관심 있는 학생들이 자신들이 만든 발명품으로 경쟁하는 대회로서, 학생들의 발명 의식을 고취하고 창의력 계발에 기여하며 과학적 문제 해결 능력을 배양해 우수 과학 인재를 육성의 기반을 조성하기 위해서 만들어졌다. 현재 대한민국 학생들이 참여할 수 있는 대표적인 학생발명대회는 크게 두 가지가 있다. 하나는 전국학생과학발명품경진대회(줄여서 '학발경')이고, 나머지 하나는 대한민국학생발명전시회(줄여서 '학발전')다. 두 대회 중 학발경이 더 오랜 역사를 가진다. 학발경의 목적은 과학 발명을 통해 청소년의 창의력을 계발하고 탐구심을 배양하는 데 있다. 학발경은 1979년에 국립과학관의 주관으로 제1회 대회가 개최된 후 매년 지속적으로 개최되어 왔다. 제1~6회에는 최고상이 국무총리상이었지만 1985

년 제7회부터는 최고상이 대통령상으로 격상되었다. 학발경은 전국과학전람회와 마찬가지로 1996년부터는 교원들의 자질 향상을 위해 학생작품지도논문연구대회를 병행하고 있으며, 2000년부터는 교원들에게 연구 실적 평정점을 부여함으로써 참여 동기를 제공하고 있다.

학발전은 우수 학생 발명품을 발굴, 시상하고 전시해 학생들의 발명 의식 고취 및 창의력 계발에 기여하기 위해서 1988년부터 시작되었다. 처음에는 전국우수발명품전시회와 동시에 개최되었지만, 1990년부터는 분리해서 진행했다. 그리고 1999년부터는 학발전과 전국교원발명품경진대회를 동시에 개최하고 있다.

두 학생발명대회를 모두 참가해 보면, 사실상 대회의 성격이나 내용은 거의 유사하다는 것을 알 수 있다. 하지만, 두 발명대회 사이에는 뚜렷한 차이점이 하나 있다. 그것은 바로 주최·주관하는 기관이 다르다는 것이다. 일반적으로 '발명'이라고 한다면 과학기술정보통신부(줄여서 '과기정통부')와 특허청이 떠오른다. 학발경은 과기정통부·국립중앙과학관이 주최·주관하고, 학발전은 특허청·한국발명진흥회가 주최·주관한다. 주최·주관하는 정부 부처가 다르니까 대회를 진행하는 과정에서도 차이가 난다. 과기정통부가 특허청보다 더 큰 조직이어서 그런지는 몰라도 학발경이 학발전보다 더 많이 알려져 있고 규모도 크다. 또한 과학을 주관하는 부처에서 주최해서 그런지는 몰라도 학발경은 발명품에 과학적 이론을 적극적으로 적용시킬 것을 권장하는 편이다. 이에 반해 학발전은 발명 아이디어, 실용성, 시장가치 등에 중점을 둔다. 즉, 대회가 대회를 주최하는 부처의 성격을 그대로 이어받았다고 느껴진다.

일반적으로 학발경은 학교와 연관되어 진행되지만, 학발전은 학교와 크게 관계없이 진행된다. 왜 그런지는 나중에 다시 설명하겠다. 학발경은 학교에서 참가 신청을 받으며, 교내 대회와 지역 대회를 거쳐 전국 대회까지 이어진다(일반적으로 교내 발명대회에서는 '전국'을 생략하고 '학생과학발명품경진대회'라는 용어를 사용하기도 한다). 그렇기 때문에 담임 선생님이나 발명 지도 선생님이 학생의 발명대회 참가 여부 및 발명 내용을 알 수 밖에 없다. 이에 반해 학발전은 온라인으로만 참가 신청을 받는다. 대한민국 학생이라면 누구나 제한 없이 참가할 수 있으며, 학생 단독으로도 신청이 가능하다. 학생이 학발전 참가를 선생님께 고지할 의무가 없다. 그래서 학생이 학교에 말하지 않는 이상, 학생이 발명대회에 참가했는지를 학교에서 모른다. 얼핏 보기에는 "그게 뭐가 중요하지?"라고 생각할 수 있지만, 대회에 참가하는 입장에서 보면 엄청난 차이가 있다.

학생발명대회와 학교의 연관성의 깊이는 발명품에 대한 심사의 차이로 이어진다. 학발전은 자녀가 다니는 학교에서 발명품을 심사(평가)받지 않는다. 나중에 다시 설명하겠지만, 학교 선생님이라고 해서 모두가 과학이나 발명 전문가가 아니다. 오히려 과학·발명 전문가들은 학교 바깥 영역에 더 많이 존재한다. 학발전의 주최·주관은 특허청·한국발명진흥회에서 하고, 해당 기관에는 발명 관련 인적 네트워크가 풍부하기 때문에 온라인으로 신청받은 발명품을 곧바로 내외부 전문가들에 의해 평가한다. 이에 반해 학발경의 경우, 1차적으로 발명 담당 선생에 의해 평가받는다. 거기서 선정되어야지만 다음 단계로 넘어갈 수 있다. 학교 선생님들의 능력을 폄하하는 것은 아니지만, 아무래도 발명 담당 선생님이 평가하는 것은 외부 전문가에게 평가받는 것과 비교해서 심사의 전문성이 떨어질 수 있다. 하지만 학발경은 학교와 밀접하게 진행되기 때문에, 1차 관문인 교내 발명대회를 통과한다면 그다음부터 선생님의 도움(발명교육)을 받을 수 있다는 장점이 있다. 이와 같이 각 학생발명대회는 장단점이 존재한다. 학생들은 학생발명대회의 차이점을 이해하고 자신의 상황에 맞는 대회에 참가하면 된다.

학생발명대회에
참가해야 하는 이유

<hr>

이쯤 되면 우리는 이런 질문을 할 수 있다.

　'학생들은 학교 공부를 따라가는 것도 벅찬데, 왜 학생발명
대회에 참가해야 하는가?'
　'부모들은 자녀 뒷바라지하는 것도 벅찬데, 왜 자녀를 학생
발명대회에 참가할 수 있도록 도와줘야 하는가?'

　아이들이 학생발명대회에 참가해야 하는 중요한 이유 중 하
나는 학생 신분으로 대통령상을 받을 수 있는 기회를 잡을 수
있기 때문이다. 대통령상은 나라를 위해 수십 년간 봉사하는
공무원, 경찰, 소방관, 군인들도 받기 힘든 상이다. 학생 신분
으로 그렇게 영광스럽고 공신력 있는 상을 받을 수 있는 기회

가 주어진다는 것만으로도 도전의 이유가 된다. 물론 대통령상은 수많은 학생들과 경쟁해 최종적으로 1등을 해야 받을 수 있다. 하지만, 도전 의식과 열정만 있다면 비록 대통령상은 아니더라도 입상까지는 쉽게 할 수 있다. 또한 수학 경시대회와 같이 다른 사람이 고의적으로 어렵게 낸 문제를 머리를 쥐어짜며 푸는 것이 아니라, 내가 찾은 문제를 번뜩이는 아이디어를 바탕으로 스스로 해결해 나가는 것이기 때문에 문제 해결에 대한 성취도가 높다.

학생발명대회에 참가해야 하는 다른 이유는 살아 있는 교육을 받을 수 있다는 점이다. 대통령상도 중요하지만, 학생발명대회에 참가하면 그것보다 더 큰 것을 얻을 수 있다. 학생발명대회에 참가했던 학생들에게 대회 후 느낀 점을 물어보면 "수학·과학 공부의 필요성을 몸소 느낄 수 있었다."라고 답하는 경우가 많다. 학생들은 왜 그렇게 대답하는 것일까? 누구나 한 번쯤은 학교에서 배우는 수학과 과학이 도대체 어디에 필요한지에 대해 부모님과 이야기를 나눠 본 적이 있을 것이다. 그만큼 초·중·고등학생들은 학교에서 배운 수학·과학이 실제 생활에 어떻게 활용되는지를 직접적으로 경험하기가 힘들다. 하지만, 학생발명대회에 참가하면 학생 스스로가 그 답을 얻을 수 있다. 학생들은 발명품을 제작하고 작동시키기 위해서는 수학과 과학이 반드시 필요하다는 것을 직간접적으로 느낄 수 있다.

그렇기 때문에 학생들은 발명대회에 참가하는 동안 창조의 즐거움을 느끼는 것과 동시에, 누가 시키지 않아도 인터넷을 뒤져 가며 수학과 과학을 공부를 하게 된다. 그게 바로 발명 교육의 힘이고, 학생발명대회를 개최하는 목적이기도 하다.

그럼 이제 부모 입장에서 학생발명대회를 이야기해 보자. 부모가 어린 자녀와 함께 공통된 목적을 달성하기 위해 서로 도와 가며 노력한 경험이 그다지 많지 않을 것이다. 물론 부모가 자녀와 함께 〈리그 오브 레전드〉, 〈배틀 그라운드〉와 같은 인터넷 게임을 할 경우, 유사한 경험을 할 수는 있다. 하지만, 게임은 즐기는 요소가 강하지, 교육적인 요소는 상대적으로 약하다. 이에 반해 학생발명대회에 참가하면 부모와 자녀가 공통된 목적 달성을 위해 서로 협력하는 경험을 할 수 있다. 특히 DIYDo It Yourself를 좋아하는 부모라면 재미도 느낄 수 있어 일석이조다.

만약 부모와 자녀가 수학 경시대회를 준비한다고 가정해 보자. 수학 경시대회는 어떤 문제가 나올지도 모르고, 대회장에서 문제가 주어지면 반드시 학생 혼자서 풀어내야 한다. 그렇기 때문에 대회를 준비하는 과정에서 부모의 역할이 극히 제한적이다. 수학 경시대회를 준비하는 동안 부모는 자녀를 좋은 학원에 데려다주고 일정 관리만 잘해 주면 된다. 하지만, 학생발명대회는 다르다. 학생발명대회는 학생이 직접 문제를 정의하고, 자신만의 방법으로 그 문제에 대한 해결책을 제시해야 한다. 이러한 과정에서 학생은 자신의 생각에 대해 주변 사람들과 충분히 토론할 수 있다. 부모는 자녀와 가장 가까운 주변인이기 때문에 학생발명대회에 참가한 자녀와 많은 대화를 나눌 수밖에 없다. 학생발명대회는 부모와 자녀와의 관계를 더 두텁게 만들어 주는 훌륭한 도구이기도 하다. 이것이 부모가 자녀에게 학생발명대회 참가를 권유해야 하는 이유다.

마지막으로 교사의 입장에서 이야기해 보자. 교사는 수업 시간에 학생을 가르치는 것만으로도 일이 많다. 그럼에도 불구하고 교사가 학생발명대회에 관심을 가지는 이유는 무엇일까? 그것은 바로 승진 가산점 때문이다. 교육공무원 승진 규정을 살펴보면, 교육공무원(교사) 승진 심사 시 가산점을 부여받을 수 있다. 가산점은 공통가산점과 선택가산점으로 구분된다. 이때 학생발명대회는 공통가산점과 연관이 있다. 교육 공무원이 발명과 관련한 업무를 수행해 승진 가산점을 받을 수 있는 방법은 크게 두 가지다. 첫 번째 방법은 학생작품지도논문연구대회에서 수상하는 것이다. 과기정통부가 주최하는 학생작품지도논문연구대회는 학발경과 동시에 진행되기 때문에, 학생과 교사는 동일한 발명 주제로 참가한다. 다만 학생은 발명품으로 경쟁하고, 교사는 해당 학생을 지도한 연구 내용으로 경쟁한다. 당연한 이야기겠지만, 학생이 발명대회에서 우수한 성적으로 입상하면 지도교사도 연구대회에서 우수한 성적을 얻어 승진 가산점을 부여받을 확률이 높아진다. 이런 이유 때문에 학발경은 학발전보다 학교와 밀접한 관계를 유지하며 대회가 진행된다. 교육 공무원이 발명 관련 가산점을 받을 수 있는 두 번째 방법은 전국교원발명연구대회에서 수상하는 것이다. 특허청이 주최하는 전국교원발명연구대회 역시 학생발명전시회와 동시에 진행된다. 다만, 학생작품지도논문연구대회와 다른 점은 교사가 지도학생 없이 자신의 아이디어로 직접 발명대연구대회에 참여한다.

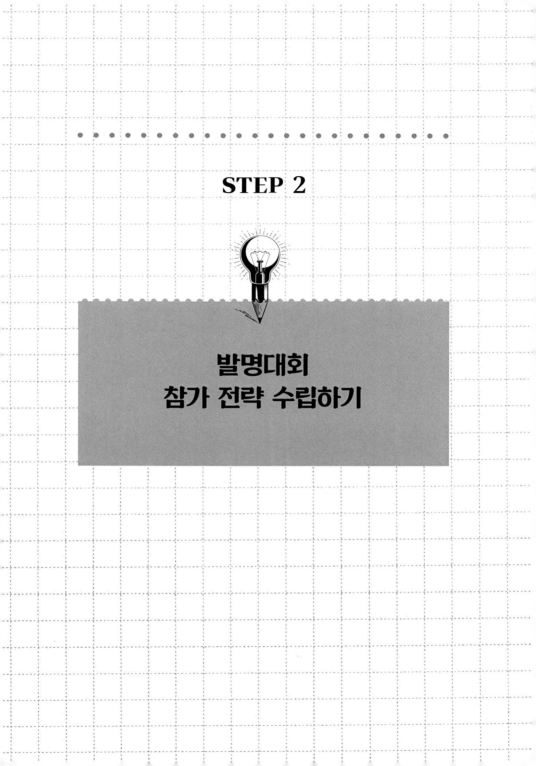

STEP 2

발명대회
참가 전략 수립하기

발명대회 참가 전략을
수립해야 하는 이유

만약 자녀가 아무런 전략 없이 학생발명대회에 참가하면, 입상할 확률이 낮다. 반대로 아무리 발명 초보자라 할지라도 확실한 참가 전략만 수립한다면 학생발명대회에서 높은 확률로 입상할 수 있다. 여기서 말하는 참가 전략은 부모와 자녀가 같이 수립하는 것이다. 필자가 이렇게 말하는 이유는 다음과 같다.

첫째, 교사들은 문과 출신들이 많기 때문에, 현실적으로 학생들이 수준 높은 발명 교육을 받기 힘들다. 당연한 이야기겠지만, 발명은 문과보다 이과, 이과보다는 공과에 가깝다. 우리나라 학교에는 발명 전담 교사가 별도로 없으며, 대부분은 일반 교사가 겸직으로 발명 교육을 담당하고 있다. 일반 교사 중에 발명과 직접적으로 연관 있는 기계공학 및 전자공학을 공부한 사람은 많지 않을 것이다. 물론 공과 출신은 아니지만, 발명

경험이 풍부한 교사가 있을 수도 있다. 하지만, 그런 교사의 숫자도 많지 않다. 다행스럽게 자녀가 다니는 학교에 공과 출신 교사나 발명 지도 경험이 풍부한 교사가 근무한다면 제대로 된 발명 지도를 받을 수 있겠지만, 그럴 확률은 아주 낮다. 따라서 학생들이 학생발명대회를 준비하는 과정에서 실제적으로 선생님의 도움을 받을 가능성이 낮다. 특히 학발전에 참가를 원할 경우에는 교사의 도움을 받기가 더 어려워진다.

둘째, 생각하는 것보다 교사들의 발명 지도에 대한 의지가 약하다. 다시 한번 설명하지만, 교사가 지도한 학생이 발명대회에 참가해 입상을 한다 하더라도, 교사가 얻을 수 있는 이점은 그렇게 크지 않다. 발명을 지도한 교사는 학생을 지도한 연구 주제로 학생작품지도논문연구대회에 참가해 수상해야지만 가산점을 받을 수 있다. 즉, 가산점 받기가 어렵고, 시간도 많이 투자해야 하며, 내용이 전문적이기 때문에 교사들이 쉽사리 발명 지도를 결심하지 않는다.

셋째, 발명품 제작을 위한 학교의 예산 지원이 거의 없다. 아무리 좋은 발명 아이디어가 있다 하더라도 발명품으로 만들지 않으면 발명대회에 참가할 수 없다. 발명품을 만들기 위해서는 돈이 필요하다. 하지만 대부분의 학교에서는 발명 교육을 위한 별도의 예산 배정을 하고 있지 않다. 그렇다고 해서 학교마다 발명품 제작을 위한 재료나 도구를 충분히 보유하고 있는 것도 아니다. 결국 발명품 제작을 위해서는 학교 외부(제작 업체 등)의 도움이 필요하고, 부모가 돈을 써야지 이러한 도움을 얻을 수 있다는 것이다.

결론적으로 교사는 문과 출신이 많고, 지도 의지가 약하며, 발명품 제작을 위한 예산·도구 지원이 부족하므로 학교에 기대어 학생발명대회에 참가하는 것은 생각만큼 쉽지 않다. 같은 이유로 초등학생이 발명대회에 참가해 입상하는 것이 가장 어렵다. 그러면 초등학생은 발명대회에 참가해 상을 받을 수 없다는 것인가? 결론부터 말하자면 꼭 그렇지는 않다. 아무리 초등학생이라도 참가 전략만 제대로 수립한다면 발명대회에서 쉽게 입상할 수 있다.

부모와 함께
학생발명대회 준비하기

학생발명대회 입상을 위한 핵심 전략은 '부모와 함께 발명대회를 준비' 하는 것이다. 부족한 인적·물적 자원에도 불구하고, 부모와 함께 참가하는 전략만 가지고 발명대회에서 입상할 수 있다고 이야기하는 이유는 앞에서 언급한 두 발명대회가 엄청난 수준의 발명품을 요구하고 있지 않기 때문이다. 예를 들어 어떤 학생은 욕실 슬리퍼 발명품으로 대통령상까지 수상한 적이 있다. 예상할 수 있듯이 슬리퍼 발명품을 만드는 데 수준 높은 과학 지식, 전문가의 도움, 과도한 제작 비용이 필요하지 않다. 이 책을 끝까지 읽어 보면 알겠지만 발명대회에 참가하는 학생들에게 가장 필요한 것은 부모의 관심이다. 학교에서 관심을 가져 줄 수 없으니, 부모가 관심을 가져야 한다.

어떤 사람은 자녀가 부모와 함께 발명대회에 참가한다는 것이 '부모 찬스'라고 말할 수 있을 것이다. 이 말은 어찌 보면 맞는 이야기고, 어찌 보면 완전히 틀린 이야기다. 대표적인 학생발명대회는 정부에서 주관하고 있기 때문에 그 어떤 대회보다 공정하게 진행된다. 시스템적으로 부모가 자녀를 100% 대신해 모든 것을 해 줄 수 없도록 만들어 놨다. 또한 심사위원은 참가 학생과의 대면 심사를 통해 참가자가 주도적으로 발명대회에 참여했는지를 체크한다. 실제로 발명대회에 참가해 보면 100% 부모 찬스만으로는 절대로 발명대회에서 입상할 수 없다는 것을 알 수 있다. 그렇다고 해서 100% 학생 혼자 힘으로 발명대회에 참가할 수는 없다. 어쨌든 10~30%의 부모의 도움은 필요하다. 학교에서 선생님이 해 줘야 하는 발명 교육을 집에서 부모가 해 주는 것이라고 생각해야 한다.

경제적 여유가 있는 가정의 경우, 학생발명대회에 참가하기 위해 부모가 해야 할 일은 그렇게 많지 않다. 단지 발명을 잘 지도할 수 있는 학원에 자녀를 맡기면 된다. 네이버에서 잠깐만 검색해 봐도 발명을 지도해 준다는 학원을 쉽게 찾을 수 있다. 하지만 대부분의 가정들은 발명 학원까지 보낼 정도로 경제적인 여유를 가지고 있지 않다. 그렇기 때문에 부모가 발명 교육과 지도를 직접 해 줘야 한다. 부모가 발명 선생님의 역할을 대신하는 것이 어렵고 힘들 것 같지만, 실제 부딪쳐 보면 전혀 그렇지 않다. 발명을 처음 접해 본 부모라도 두려워할 필요가 없다. 자녀에게 관심을 가지고 시간을 투자하면 된다.

앞으로 자세히 설명하겠지만, 부모가 자녀와 함께 발명대회를 참가하기 위해 해야 할 일을 요약하면 다음과 같다.

- 발명 주제(발명 아이디어)를 선정하는 데 참여한다.
- 발명대회 일정을 확인하고, 자료 작성 및 발명품 제작 계획을 수립해 준다.
- 발명대회 관련 자료(발명 노트 등)를 작성하는 데 도움을 준다.
- 발명품을 만들기 위한 예산을 지원해 준다.
- 필요하다면 발명품을 제작할 수 있는 업체를 찾아 준다.
- PD가 되어 동영상을 촬영해 준다.
- 대면 심사 시, 발표를 잘할 수 있도록 지도해 준다.

위의 내용을 보더라도 어려울 것이 전혀 없다. 다만 요약한 내용대로 수행하기 위해서는 부모가 최대한 많은 시간을 투자해야 한다. 그래서—힘들겠지만—발명대회에 참가하기 위해서는 부모들이 지금보다 더 부지런해야 한다. 사실 그게 제일 힘들다. 교사는 월급이라도 받지만 부모는 그러지도 못한다. 학원비 아낀다고 생각하고 자녀를 위해 시간을 투자하자.

다음으로 생각해야 할 것은 '부모가 어느 정도까지 발명대회에 관여해야 하는가'다. 부모와 자녀는 특수 관계이기 때문에 생각보다 관여의 깊이를 설정하는 것이 어렵다. 결론부터 말하자면, 학생발명대회를 준비하는 데 있어 부모가 절대로 '주主'

가 되어서는 안 된다. 그것은 모두가 아는 사실이다. 하지만 부모가 '주'가 되지 않는 것은 말처럼 쉽지는 않다. 통상 처음에는 부모가 자녀 뒤에서 '객客'으로 도와주지만, 시간이 경과할수록 부모가 자녀보다 앞에 있는 경우가 허다하다. 부모는 자녀가 자기보다 더 똑똑하기를 기대하기 때문에 자녀를 도와주다 보면 답답함이 올라오게 된다. 발명대회는 많은 시간을 투자해야 때문에 부모의 답답함도 길어질 수 있다. 답답함이 길어지면 나도 모르게 주객이 전도되기 시작한다. 어렵겠지만, 부모는 이 순간을 잘 알아차려야 한다. 부모는 답답함의 차오름을 빠르게 인지하고, 마음을 비우면서 '객'의 입장으로 돌아와야 한다. 주객이 전도되는 순간, 자녀가 발명대회에 참가하는 의미와 목적에서 크게 벗어나 버린다. 자녀는 발명에 흥미를 잃어버리고 부모에게 모든 것을 떠넘기기 시작한다. 운 좋게 전국 대회까지 진출한다 하더라도 최종 심사 단계(대면 심사)에서 탈락할 가능성이 높다. 왜냐하면 발명품 대면 심사 시, 심사위원들은 "진짜 네가 발명을 했니?"를 반드시 물어보기 때문이다. 아무리 자녀가 연기를 잘한다 하더라도, 심사위원과 질의응답을 하다 보면 자녀의 역할이 '주'였는지 '객'이었는지 분명하게 나타나 버린다. 이런 이유로 이 책은 학생발명대회를 준비하고 참가하는 과정에 대해 상세히 설명하고, 각 과정마다 자녀와 부모의 업무 할당량을 약 '8 대 2'로 구분해 적어 놓았다.

어떤 발명대회를 선택할까?

전략 수립의 첫 번째 단계는 자녀와 같이 어떤 학생발명대회에 도전할 것인가를 결정하는 것이다. 두 가지 학생발명대회를 모두 준비하면 좋겠지만, 부모나 자녀가 모든 발명대회를 동시에 준비하는 것은 시간이 부족할 뿐만 아니라 비효율적이다. 부모와 자녀의 시간과 노력을 한 대회에 집중시키는 것이 바람직하다. 이때 대회의 규모 및 인지도는 발명대회를 선택하는 기준이 될 수 없다. 왜냐하면 두 대회 모두 정부가 주최하는 대회이고, 잘하면 대통령상까지 수상할 수 있기 때문이다. 그럼 어떤 기준으로 선택을 하는 것이 좋을까? 결론부터 말하자면, 현재 부모와 자녀의 상황에 따라 발명대회를 선택하는 것이 좋다. 그렇다면 '부모와 자녀의 상황'이란 무엇을 의미하는 것일까?

여기서 말하는 '부모와 자녀의 상황'은 부모의 대학 전공과 직업, 자녀의 과학 지식으로 생각할 수 있다. 특히 자녀의 과학 지식이 부족하다면 부모의 전공과 직업이 대회 선택의 중요한 기준이 될 수 있다. 부모 중 한 명이 공과대학 출신이거나, 기계·전자 관련 업무 종사자라면 학발전을 선택하는 것이 좋다. 이와 반대로 부모가 공과대학 출신이 아니거나, 혹은 기계·전자 관련 종사자가 아니라면 학발경을 선택하는 것이 좋다.

왜 그럴까? 학발전의 진행 과정은 '발명 아이디어 도출 → 온라인 참가 신청 → 예선(서류) → 본선(서류, 시연, 발표)'이다. 이와는 달리 학발경의 진행 과정은 '발명 아이디어 도출 → 교내 대회(서류) → 지역 대회(서류, 시연, 발표) → 전국 대회(서류, 시연, 발표)'다. 이와 같이 발명대회마다 진행 방식이 다르기 때문에 참가 전략도 다르게 수립해야 한다.

참가 전략 차이의 핵심은 발명품 제작 시점이다. 학발전은 발명품을 먼저 만들고 대회에 참가하는 것이 효율적이고, 학발경은 발명 아이디어로 교내 발명대회에 참가해 선정된 이후에 발명품을 제작하는 것이 효율적이다. 학발경의 경우, 자녀가 제출한 발명 아이디어가 교내 경진대회에서 선정이 되지 않으면(대회에서 떨어지면) 발명품을 만들 필요가 없다. 만약 발명품까지 다 만들어 놓고 떨어지면 발명품을 만들기 위해 투자한 시간과 노력이 너무 아깝게 된다. 학교 담임 선생님과 발명 선생님은 제출한 발명 아이디어가 전국 대회에서도 통할까를 생각하며 금상, 은상, 동상을 선정하지, 발명품을 멋지게 만들었는지를 보며 선정하지 않는다. 결국 학생은 선생님과 한배를 타고 전국 대회까지 가야 하기 때문에 발명 아이디어가 가장 중요한 판단 기준이 된다. 이런 이유로 학발경에 참가할 때는 처음부터 모든 것을 준비할 필요가 없다. 이에 반해 학발전은 학교를 거치지 않고 온라인으로 접수를 받으며 곧바로 본선 경쟁을 펼친다. 온라인 접수를 할 때 이미 만들어 놓은 발명품 사진을 제출할 수 있으며, 발명품이 제작되어 있다면 예선 통과가 더 유리해진다. 즉, 학발전은 아이디어와 발명품을 동시에 평가받는다고 보는 것이 타당하다. 물론 학발전도 발명 아이디어만 먼저 제시하고, 예선을 통과한 이후에 발명품을 만들어도 상관없다. 하지만 그러기에는 시간이 너무 촉박하다. 자칫 잘못하다가는 발명품도 제대로 만들지도 못할뿐더러 자료 작성도 부실해질 수 있다.

지금까지 설명한 이유 때문에 부모의 전공과 직업에 따라 학생발명대회를 선정해야 한다. 부모가 공대 출신이면 대회 개최 이전에 시간이 날 때마다 자녀를 지도하며 발명품을 미리 만들 수 있다. 그래서 전략적으로 학발전을 선택해야 한다. 이에 반해 부모가 공대 출신이 아니라면, 처음부터 발명품을 만들지 않고 발명 아이디어부터 제시해 심사받는 학발경을 선택하는 것이 효과적이다.

발명대회에 따라
발명품 제작 일정이 다르다

두 학생발명대회는 매년 개최되기 때문에 진행 일정이 거의 변경되지 않는다. 다만 최근 들어 코로나19 사태 때문에 일정이 변경(지연)된 적이 있다. 그럼에도 불구하고 대회 과정은 크게 변하지 않기 때문에 인터넷에 공지된 대략적인 대회 일정을 참고하면서 미리 준비하면 된다. 우선 학발경을 살펴보자. 인터넷에 공고되어 있는 제42회 학발경의 일정은 다음과 같다.

  학발경 대회 일정에서도 볼 수 있듯이, 학생은 전국 대회 참가 이전에 지역 대회를 거쳐야 한다. 지역 대회의 진행 방식은 지역마다 다르다. 대전의 경우, 지역 대회는 학교 내의 발명대회와 시도 교육청 주관의 발명대회로 구분해 진행되었다. 2020년 9월경에 학교에서 교내 학발경 시행을 공지했고, 학생들은

제42회 전국학생 과학발명품 경진대회

단계	일정	내용	장소
지역 대회	'20. 7월 ~ '21. 6월	· 전국대회 출품작 선정(예선 필수) · 세부일정은 지역 주최기관에서 확인	각 지역대회 주관기관
원서 접수	7. 8.(목)	· 각종 서류 구비 후 제출(5쪽 참고) · 각 지역대회 주관기관에서 취합·제출	
1차 심사 (서면)	7. 19.(월) ~ 8. 5.(목)	· 제출한 작품설명서 작품설명 동영상에 대한 심사 · 선행기술조사 병행(중복성 여부 검토) ※ 세부일정 및 심사기준(7~9쪽 참고)	
2차 심사 (면담)	8. 24.(화) ~ 8. 27.(금)	· 각 분야별1일 면담심사(총 4일) ※ 초(저·고학년/각1일), 중(1일), 고(1일) · 1인당 1회 발표(작품설명3분, 질의응답10분) ※ 세부일정 및 심사기준(7~9쪽 참고)	국립중앙과학관 미래기술관 (특별전시관)
작품 전시	8. 31.(화) ~ 10. 5.(화)	· 전체 출품작에 대한 전시(총 301점)	국립중앙과학관 미래기술관 (특별전시관)
심사결과 발표	9. 14.(화)	· 국립중앙과학관 누리집 공고(12:00) ※ '소통마당-공지사항'에서 확인	www.science.go.kr
시상식	10. 6.(수)	· 수상자에 대한 상장 수여	국립중앙과학관 사이언스홀

※ 상기 일정은 주최/주관 기관의 사정 등에 따라 변경될 수 있음

학발경 대회 일정
자료 출처: 국립중앙과학관

발명 아이디어를 제출해 경쟁했다. 각 학교는 교내 학발경에서
접수된 발명 아이디어를 심사한 후 순위를 결정하고 학교장 명

의의 상장을 수여한다(2020년 10월경). 교내 발명 담당 선생님은 상위권 학생들에게 교육청 주관 발명대회의 참여 의사를 묻는다. 위로 올라갈수록 시간과 노력을 더 많이 투자해야 하므로 교내 발명대회에서 마무리하는 학생도 의외로 많다. 교육청 주관의 발명대회에서는 지역의 다른 학교 대표들과 경쟁한다(2021년 5월경까지 진행). 지역 대회 최종 단계까지 올라간 학생들은 대면 심사 및 발명품 시연까지 한다. 이것은 교내 발명대회에서는 발명품을 제작하지 않아도 되지만, 지역 발명대회에서는 발명품까지 제작해야 한다는 것을 의미한다(그래서 시간과 노력이 더 많이 투자된다). 만약 여기서도 우수한 성적을 얻으면 전국 대회에 출전할 자격이 주어진다. 전국 대회 학발경은 2021년 7월경 원서 접수를 받았다. 전국 대회는 약 두 달 동안 1차 서류 심사와 2차 면담 심사(발표 및 시연)를 거쳐 최종적으로 9월에 상격 결정 및 심사 결과를 발표한다. 전국 대회에서 입상한 작품은 대전에 위치한 국립중앙과학관에 전시된다. 설명한 바와 같이 학발경은 교내대회, 지역 대회, 전국 대회까지 거쳐야 하기 때문에 대회에 참여하는 기간이 상당히 길다는 것을 알 수 있다.

다음으로 학발전을 살펴보자. 인터넷에 공고되어 있는 제35회 학발전의 일정은 다음과 같다.

학발전 대회 일정

주요 내용	일정
대회공고	'22. 2. 25(금)
신청 및 접수	'22. 3. 2(수) ~ 4. 11(월)
예비심사	'22. 4. 12(화) ~ 13(수)
1차 유사작심사	'22. 4. 15(금) ~ 16(일)
서류심사	'22. 4. 21(목) ~ 22(금)
선행기술심사	'22. 4. 27(수) ~ 5. 9(월)
작품(현물)심사 공고	'22. 5. 13(금)
공중심사	'22. 5. 16(월) ~ 27(목)
작품(현물)심사	'22. 6. 9(목) ~ 11(토)
심층선행기술조사	'22. 6. 15(수) ~ 21(화)
2차 유사작심사	'22. 6. 15(수) ~ 21(화)
종합심사 및 상격결정	'22. 6. 24(금)
개막식 및 시상식	'22. 8. 4(목)
전시회	'22. 8. 4(목) ~ 6(토)
기술사업화 및 전문연수	'22. 8. 4(목) ~ 5(금)
YIP 연계지원	'22. 8. ~ 11.

자료 출처: 한국발명진흥원

일정표에서도 확인할 수 있듯이 대회 공고부터 상격 결정까지 약 5개월이 소요된다. 학발전은 지역 대회가 없으므로 대회에 참여하는 절대 기간이 학발경보다 짧다. 앞에서도 설명했듯이 학발전은 대회 일정이 빡빡하다 보니, 대회 기간 중 발명품을 제작하기는 것이 쉽지 않다. 따라서 학발전은 대회 공고 이전에 미리미리 발명품을 만들어 놓고 기다렸다가 대회에 도전하는 것이 유리하다. 학발전에서 입상한 작품은 '청소년 발명 페스티벌' 행사(보통 일산 킨텍스에서 개최)에 전시된다.

요약하자면 학발경은 지역·전국 대회 일정에 따라 차근차근 발명품을 만들면서 진행하는 것이 좋고, 학발전은 대회 일정과 상관없이 미리 발명품을 만들어 놓고 때가 되면 대회에 참가하는 것이 좋다.

STEP 3

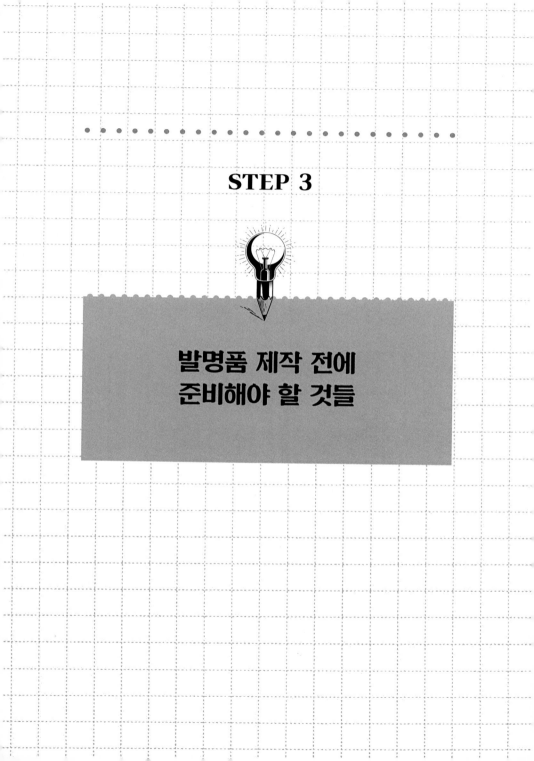

발명품 제작 전에
준비해야 할 것들

발명 아이디어의 중요성

당연한 이야기겠지만, 발명대회 입상을 위해서는 발명 아이디어를 선정하는 것이 가장 중요하다. 발명 아이디어만 좋으면 입상까지는 무난하게 통과할 수 있다. 물론 대통령상이나 장관상을 받기 위해서는 여기에다 발명품의 과학적 원리를 잘 입히고, 발표를 통해 홍보까지 잘해야 한다. 학발전과 학발경 모두가 발명 아이디어를 중요하게 생각하지만, (두 대회에 모두 참가해 본 경험에 따르면) 학발전이 학발경보다 발명 아이디어를 더 중요하게 생각한다. 왜냐하면 학발전은 처음부터 전문 심사위원들이 평가에 참여하고, 많은 참가자들이 제출한 방대한 자료를 심사위원이 꼼꼼히 살펴볼 수 없기 때문이다. 결국 심사위원들은 짧은 시간 내에 심사 업무를 끝내기 위해 학생들이 제출한 발명 아이디어만 검토(특히 발명 아이디어 개념도)한 후 1차 통과자(예선 통과자)를 선정한다.

발명 아이디어 선정 노하우

그럼 어떻게 하면 발명 아이디어를 잘 선정할 수 있을까? 어떤 책에서는 학생들이 평상시 과학적 사고를 많이 하고, 사물이나 자연 현상을 유심히 관찰하는 습관을 가지라고 말한다. 원칙적으로 보자면 그 말이 맞다. 하지만, 어른들도 가지기 힘든 생활 습관을 학생들에게 요구하는 건 말이 안 된다고 본다. 따라서 여기에서는 그런 이상적인 말은 생략하고, 자녀들이 발명 아이디어를 선정할 수 있는 실제적인 방법을 설명하고자 한다.

노하우 #1
하루에 한 가지씩 불편했던 것을 적어 본다

역사적으로 볼 때, 인간은 '불편함'을 없애기 위해 뭔가를 발명해 왔다. 발명의 시작은 일상생활 속에서 불편한 것이 무엇인지 정확히 인지하는 것부터다. 하지만 인간은 적응의 동물이기 때문에 순간적으로 불편함을 느끼더라도 금방 그 환경에 적응해 버린다. 그래서 불편함이 계속되더라도 느낌이 무뎌지고 그냥 잊어버린다. 사람마다 다르겠지만, 불편했던 느낌이 머릿속에 머무는 시간은 기껏해야 하루 정도다. 특히 학생들은 주변 환경에 더 빠르게 적응하기 때문에 불편함을 더 쉽게 잊어버린다. 그래서 불편함이 머리에서 지워지기 전에 밖으로 빨리 꺼내야 한다. 그래야 좋은 발명 아이디어를 선정할 수 있다.

머릿속 불편함을 효과적으로 꺼내는 방법은 두 가지가 있다. 하나는 손으로 기록하는 것이고 나머지 하나는 입으로 이야기하는 것이다. 옛날이라면 종이 수첩을 들고 다니면서 불편함을 느낄 때마다 기록하라고 말했겠지만, 지금은 그럴 필요가 없다. 요즘 대부분의 학생은 스마트폰을 항상 휴대하고 있기 때문에 스마트폰에 메모해 두면 된다. 타이핑하는 게 귀찮고 힘들면 스마트폰 녹음 기능을 이용해 기록한다. 만약에 그것도 벅차면 밤낮 가리지 말고 불편함을 부모님에게 이야기하자. 뭐가 되었든 머릿속 불편함을 빠르게 꺼내서 기록하는 게 중요하다.

[부모의 역할]

자녀가 일상생활 속 불편함을 기록하거나 이야기하는 습관을 기르는 것은 쉽지 않다. 그래서 자녀가 느꼈던 불편함을 머리 밖으로 꺼낼 수 있도록 부모가 도와주는 것이 중요하다. 하루의 끝을 그날 느꼈던 불편함에 대해 자녀와 함께 이야기를 나누며 보내 보는 것도 좋다. "오늘 뭐가 제일 불편했어?"와 같이 간단한 질문을 시작으로, 자녀가 하루를 보내는 동안 느꼈던 불편함이 자연스럽게 나올 수 있도록 유도한다. 부모는 자녀의 이야기를 귀담아듣고 있다가 중요한 포인트라고 판단되는 것은 반드시 기록해 둔다. 학생과 마찬가지로 스마트폰의 메모나 녹음 기능을 이용하는 것이 좋다. 하지만 스마트폰 녹음 기능을 사용할 때에도 조심해야 할 부분이 있다. 녹음된 파일이 너무 길거나 많으면 정리가 어려워진다는 점이다. 특히 녹음 파일은 검색 기능을 지원하지 않기 때문에, 대화 내용에서 필요 내용만 골라내기 위해서는 저장된 모든 음성 파일을 다시 들어 봐야 한다. 그래서 중간에 녹음 파일을 정리하는 습관이 필요하다. 정리가 귀찮으면, 네이버에서 제공하는 인공지능 음성 기록 앱인 '클로바노트'를 설치해 활용하는 것도 좋은 방법이다. 클로바노트를 실행시킨 후 자녀와 대화를 하면 스마트폰이 알아서 음성을 문자로 전환시켜 주므로 추후 검색과 편집이 가능해진다.

클로바노트를 설치해 활용하자
자료 출처: 구글플레이

노하우 #2
최근 발생한 사회 문제에 관심을 두자

발명대회는 역사가 오래되었고 매년 시행되기 때문에 누구나 쉽게 생각할 수 있는 발명 아이디어는 이미 대회에서 입상된 적이 있다고 생각해도 무방하다. 그렇기 때문에 심사위원의 눈과 마음을 한 방에 사로잡을 수 있는 새로운 발명 아이디어를 찾아내기란 상당히 어렵다. 심사위원의 이목을 집중시키기 위해서는 현시점에서 가장 뜨거운 사회 문제와 연관된 아이디어를 제시하는 것이 가장 효과적이다. 심사위원도 사람이기 때문에 이목이 집중되는 사회 현상에 눈이 먼저 가기 마련이다. 즉, 현시점의 사회적 문제를 분석하고, 발명으로 이러한 문제를 해결할 수 있는 방법을 아이디어로 제시하면 심사위원의 관심을 쉽게 끌어낼 수 있다.

[부모의 역할]

자녀는 공부하고 놀기에도 바쁘기 때문에 사회 문제를 깊이 있게 살펴볼 시간이 없다. 사회적 문제를 효과적으로 확인할 수 있는 방법은 저녁 뉴스다. 따라서 가능하다면 저녁 뉴스는 자녀와 같이 시청하는 것이 좋다. 다만, 효과적인 발명을 위해서는 글자로 뉴스를 읽는 것보다는 영상으로 뉴스를 보는 것이 좋다. 그래야 문제 해결을 위한 더 구체적인 대안을 제시할 수 있기 때문이다.

노하우 #3
스마트폰 스크린 숏 기능을 활용하자

요즘 대부분의 사람들은 스마트폰으로 유튜브, 페이스북, 인스타그램, 틱톡 등과 같은 SNSSocial Network Service 앱을 자주 사용한다. 몇몇 사람들은 구독자 수 혹은 팔로워 수를 늘리기 위해 (누가 시키지도 않았는데도) 양질의 콘텐츠를 제작해 배포한다. 우리는 SNS 앱을 사용해 발명 아이디어에 도움이 될 만한 정보를 획득한 후 활용하면 된다. 최근에는 알고리즘이 더 개선되어 유튜브에서 '발명' 혹은 'invention idea'라는 단어로 검색만 하더라도 관련 영상을 끝도 없이 보여 준다. 우리는 알고리즘이 선택해 준 콘텐츠를 재미있게 시청하면 된다. 다만, 영상을 보다가 '와! 이 아이디어 좋다' 하는 생각이 드는 부분이 있으면 영상 재생을 잠시 멈추고 스크린 숏을 찍어 놓자.

[부모의 역할]

부모의 역할은 자녀와 다를 게 없다. 부모도 SNS를 보다가 '아이디어가 좋다'고 생각된다면 주저하지 말고 스크린 숏을 찍어 놓자. 사진 자료는 빠르게 검토가 가능하므로 최대한 많이 수집하도록 하자.

노하우 #4
브레인스토밍 해 보기

발명 아이디어 선정 노하우 #1, #2, #3을 활용해 기초 자료를 충분히 모았다고 생각된다면, 이제 대회에 참가하기 위한 발명 아이디어 주제를 선정하면 된다. 발명 아이디어 주제를 선정하기 위해서는 '브레인스토밍brainstorming'을 활용하면 좋다.

　브레인스토밍이란, 일정한 주제에 관해 회의 형식을 채택하고, 구성원의 자유 발언을 통한 아이디어의 제시를 요구해서 발상을 찾아내려는 방법이다. 브레인스토밍의 정의에서도 알 수 있듯이, 브레인스토밍은 혼자서 할 수 없다. 그래서 브레인스토밍을 위해서는 부모의 도움이 필요하다. 브레인스토밍은 어렵게 생각할 필요가 없다. 브레인스토밍에서 가장 중요한 것은 반드시 자유로운 분위기를 유지해야 한다는 것이다. 상대방의 의견이 내 의견과 다르더라도, 내 지위가 높거나 내가 많이 안다고 해서 상대방을 무시하고 비판하면 안 된다. 구성원 중 한 명이 상대방을 무시하고 비판하기 시작하면 다른 구성원들이 더 이상 아이디어를 내어놓지 못하게 되므로, 브레인스토밍의 긍정적 효과가 사라지게 된다. 브레인스토밍은 최대한 동등한 위치에서 강압적이지 않고 자유로운 분위기 속에서 토론을 해야 한다. 만약 자신만의 아이디어가 없다면 다른 구성원들이 제시한 아이디어에 자신의 아이디어를 결합해서 발표하는 것도 좋다. 이를 통해 구성원들의 머릿속에만 머무르던 생각들을 최대한 밖으로 꺼내어야 한다. 그래서 브레인스토밍은 질보다 양이 중요하다고 말한다. 아이디어가 많으면 많을수록 그중에 좋은 아이디어가 있을 확률이 높기 때문에 아이디어의 좋고 나쁨의 판단을 하지 않아야 한다.

일반적으로 브레인스토밍은 명확한 주제 한 가지를 설정해 놓고 회의를 진행한다. 하지만 발명 아이디어 관련 브레인스토밍은 주제가 명확하지 않다. 이럴 경우, 브레인스토밍 시간이 너무 길어지고, 내용도 너무 광범위해 브레인스토밍을 마친 후에 건질 게 없을 수도 있다. 그렇기 때문에 구성원이 발명 아이디어를 제시할 때, 발명 아이디어 선정 노하우 #1, #2, #3에서 확보한 기초 자료를 바탕으로 새로운 아이디어를 발표하도록 요구한다. 아래 표는 브레인스토밍을 수행하기 위해 선정 노하우 #1과 #2의 자료를 정리한 자료다.

기초 자료 #1 (생활 속 불편한 점)	• 마스크를 쓰고 벗고 보관하기 힘들다. • 겨울에 마스크를 쓰면 안경에 서리가 낀다. • 학교 주변 자동차 때문에 위험하다. • 물기 있는 화장실 바닥이 미끄럽다. • 열 체크하기가 귀찮고, 정확하지 않은 것 같다. • 플라스틱 병에 붙어 있는 비닐을 뜯기 힘들다. • 종이 빨대는 친환경적이나, 빨리 흐물흐물해진다.

기초 자료 #2 (사회 문제)	• 학교 주변 주정차 및 과속 문제가 심각하다. • 코로나19가 심각하다. • 비대면 수업이 많아졌고, 교육 불평등이 심해졌다. • 예전보다 지진이 많이 일어난다. • 플라스틱 쓰레기의 환경 문제가 심각하다. • 데이트 폭력이 많아지고 있다.

구성원들이 위와 같은 기초 자료을 보면서 이야기를 나누는 가운데 다양한 주제에 대한 많은 아이디어가 도출될 수 있다. 이때 캡처해 두었던 스크린 숏 사진 자료(노하우 #3)를 활용해 더 구체적인 아이디어가 제시될 수 있다. 브레인스토밍을 마친 후에는 항목을 나누어 정리하고, 중복성이 높은 것과 가치가 없는 것을 제거한다. 토의를 통해 문제 해결 효과가 가장 뛰어나고 실현 가능성이 높은 주제를 선정한다.

[부모의 역할]

브레인스토밍에서는 사회자의 역할이 중요하다. 그래서 부모는 브레인스토밍에서 사회자 역할을 수행해야 한다. 자녀의 장점과 아이디어를 최대로 끌어내고 연결시켜 발명 아이디어를 도출할 수 있도록 만들어 내는 것이 사회자의 역할이다. 부모는 사회자로서 구체적으로 다음의 역할을 수행한다.

- 토론이 주제에서 너무 벗어나면 다시 되돌린다.
- 구성원 중 한 명이(부모 중 한 명일 가능성이 높다) 너무 많은 말을 하거나, 전체 분위기를 일방적으로 몰고 갈 때는 발언을 잠시 멈추도록 한다.
- 구성원들의 아이디어가 막혀서 대화의 연속성이 떨어지면 잠시 휴식을 청한다.
- 누군가 확신 없이 불분명한 아이디어를 내놓을 때는 이를 존중하되 이해하기 쉽도록 말을 정리해 다시 물어봐 줌으로써 다른 사람들이 보완 가능하도록 돕는다.

노하우 #5
스캠퍼SCAMPER 기법 적용하기

브레인스토밍으로 나에게 맞는 발명 아이디어 주제를 선정했다면, 발명 아이디어의 독창성을 얻기 위해 스캠퍼 기법을 적용해 본다. 앞에서 설명한 브레인스토밍은 기존 제품이나 인터넷 자료를 바탕으로 수행했으므로, 발명 아이디어의 독창성이 다소 부족하다. 이때 스캠퍼 기법을 적용해 독창성을 더욱 부각시킬 수 있다.

브레인스토밍은 사고의 제한을 최대한 낮춰 가능한 많은 의견이 도출될 수 있도록 노력하는 것이지만, 스캠퍼는 사고의 영역을 일정하게 제시함으로써 다소 구체적인 의견들이 나올 수 있도록 유도하는 것이다.

스캠퍼는 'Substitution, Combine, Adapt, Modify, Put to other use, Eliminate, Reverse'의 알파벳 앞글자를 딴 단어이며, 일곱 가지 질문을 던지고 답을 찾아낸 뒤 실행 가능한 최적의 대안을 골라내는 것이다. 스캠퍼를 업무에서 적용할 때는 팀을 만들어 대안을 찾는 것이 중요한 포인트다.

구분	내용	구체적인 예
대체하기 Substitution	원래의 것을 다른 것으로 대체해 새로운 아이디어를 얻는다.	유선 청소기를 무선 청소기로 대체
결합하기 Combine	형상, 기능, 성질 등이 다른 두 가지 이상의 것을 결합해 새로운 아이디어를 얻는다.	다양한 도구를 하나로 묶어 맥가이버 칼 발명
적용하기 Adapt	기능, 성질 등이 비슷한 것을 찾아 적용해 새로운 아이디어를 얻는다.	도깨비바늘 식물 특성을 적용해 찍찍이(벨크로) 발명
수정확대축소하기 Modify	원래 것을 수정, 확대, 축소해 새로운 아이디어를 얻는다.	선풍기를 축소해 손 선풍기로 사용

타 용도 사용 Put to other use	원래 것을 다른 용도로 활용해 새로운 아이디어를 얻는다.	강력 본드로 개발된 접착제를 포스트잇에 사용
제거하기 Eliminate	원래 것에서 형상, 기능 성질 등을 제거하면서 새로운 아이디어를 얻는다.	기존 장갑의 손끝 부분을 제거해 스마트폰 전용 장갑으로 사용
재배치하기 Reverse	원래 것의 순서를 바꾸거나 재배열해 새로운 아이디어를 얻는다.	솥뚜껑을 뒤집어서 프라이팬으로 사용

스캠퍼 기법을 적용해 한 가지 주제에 대해서 여러 방향으로 검토할 수 있으므로 새로운 아이디어를 쉽게 도출할 수 있다는 장점이 있다. 특히 아이디어를 여러 가지로 변형하는 과정을 통해 막혀 있던 사고를 전환할 수 있다. 스캠퍼 기법은 어떤 주제에 대해 옳고 그름을 판단하거나 주관적인 의견을 제시하는 게 아니라, 지금까지 자녀가 경험했던 모든 지식을 총동원해서 기존 생각들을 비틀어 버리기 때문에 쉽게 흥미를 느낄 수 있다.

[부모의 역할]

스캠퍼 기법을 적용하기 위해서는 주제가 명확해야 한다. 주제가 구체적이고 명확해야 아이디어 도출이 쉽고 연쇄 반응이 일어나기 쉽다. 따라서 첫 번째 단계인 브레인스토밍을 제대로 마무리한 뒤, 두 번째 단계인 스캠퍼 기법을 적용한다. 만약 명확한 주제가 설정되지도 않았는데, 섣불리 스캠퍼 기법을 적용하면 시간과 에너지만 낭비할 가능성이 높다. 즉, 부모는 스캠퍼 기법을 적용할 시점을 잘 판단해야 한다. 부모는 자녀를 포함한 구성원들에게 주제와 관련된 충분한 정보를 제공하고 워밍업을 통해서 편안하고 재미있는 분위기가 유지되도록 노력한다. 최종적으로는 자녀가 도출되었던 아이디어를 정리하고 최종 선택하는 것을 도와주도록 하자.

아래 표는 필자의 가족 구성원인 아빠, 엄마, 아들이 브레인스토밍과 스캠퍼 기법을 통해 발명 아이디어 주제를 선정하고, 아이디어의 독창성을 찾아가는 실제 과정을 요약해 보여 주고 있다. 이때 필자는 AI 음성 기록 앱인 클로바노트를 사용해 대화 내용을 저장했다.

아빠: 네가 적어 온 불편한 사항들을 표로 만들어 봤어. 여기서 뭐가 가장 불편하다고 느꼈니?

아들: 아무래도 코로나19 때문에 매일매일 마스크를 쓰고 다녀야 하는 게 제일 힘들었어요.

아빠: 나도 그랬어. 마스크 말고 다른 주제에 대해서 이야기하고

싶은 것은 없니?

아들: 학교 생활할 때 항상 1.5m 이상 간격을 유지하는 게 힘들었어요. 학교 선생님들이 1.5m 떨어져 있으라고 하는데, 그렇게 하는 게 어려웠어요.

엄마: 그럼 두 주제 중에 뭐에 더 관심이 있니?

아들: 아무래도 매일 쓰고 다녀야 하는 마스크에 더 관심이 가요.

아빠: 마스크의 어떤 부분이 문제라고 생각하니?

자녀: 마스크를 쓰고 벗고 보관하는 게 힘들고, 오염된 손으로 마스크를 만지는 것도 불안해요.

엄마: 마스크는 되도록 안 벗고, 손은 자주 씻으면 되지.

자녀: 그럼 밥을 먹거나 물을 마실 때는 어떻게 해요? 어쩔 수 없이 학교에서 벗고 쓰고 보관해야 해요.

아빠: 그렇네. 보통 사람들은 마스크를 벗지 않으려고 마스크를 턱에 걸치지 않나? 이름하여 '턱 마스크'….

엄마: 뉴스에서 마스크를 턱에 걸치지 말라고 했어. 진짜 비위생적이래.

아빠: 자, 그럼 주제는 어느 정도 정해진 것 같다. 코로나19를 극복하기 위해 마스크를 깨끗하고 안전하게 보관했다가 착용하는 방법.

엄마, 아들: 동의합니다.

아빠: 그러면 각자 자료를 조사한 다음 한 시간 후에 다시 만
나자.

1시간 후.

아빠: 다 모였니? 자, 이제 코로나19를 극복하기 위해 마스크를
깨끗하고 안전하게 보관했다가 착용하는 방법에 대해 구
체적으로 이야기해 보자. 지금부터는 스캠퍼 기법을 적용
할 거야. 제일 먼저 '대체하기'.

아들: 엄마가 아까 이야기한 것처럼 사람들은 마스크를 턱에 많
이 걸치잖아요? 턱 말고 다른데 걸쳐보는 건 어때요?

엄마: 어디 말이니? 턱 말고 다른 곳이 있나?

아들: 이마는 어때요? 이마는 넓어서 마스크를 보관하기도 좋
잖아요.

아빠: 공간적으로는 이마가 훨씬 좋네. 그래도 턱처럼 조금 비위
생적일 것 같다.

아들: 그럼 모자를 먼저 쓰고 모자의 이마 부분에 마스크를 보관
하는 건 어때요?

아빠: 그거 좋은 아이디어네. 아들아, 그건 스캠퍼 기법에서 '결

합하기'네. 이마와 모자의 결합.

엄마: 역시 남자들이란…. 모자를 쓰고 그 위에 마스크를 걸친다고 하더라도 그게 위생적이니? 모자도 그렇게 깨끗하지 않아.

아빠: 그건 그렇네. 자, 그럼 여기 보이는 스캠퍼 기법들을 보면서 아이디어를 제시해 봐.

아들: 웁스! 스캠퍼 기법 중 '적용하기'를 보니, 좋은 아이디어가 떠올랐어요. 인터넷 광고를 보니까 스마트폰을 자외선으로 소독하는 장치들이 출시되고 있었어요. 자외선 소독 장치의 사이즈가 딱 마스크 사이즈네요. 저런 장치를 모자의 이마 부분에 설치한 다음, 마스크를 보관할 때마다 소독하는 건 어떨까요?

엄마: 기가 막힌 아이디어네.

아들: 그리고 더러운 손 때문에 마스크가 오염되는 것을 방지하기 위해 마스크에 별도의 손잡이를 붙이면 좋을 것 같아요. 마스크를 이마로 이동할 때마다 마스크 앞에 붙은 전용 손잡이를 사용하면 마스크가 오염 안 될 듯!

아빠: 스캠퍼 기법 중 '결합하기'네.

자녀: 그럼 저의 발명 제목은 '모자에 설치된 마스크 소독 장치와 꼭지 달린 마스크'로 하는 게 어때요?

엄마: (짝짝짝) 역시 넌 나의 아들이다.

아빠: 무슨 소리! 아빠를 닮아서 그런 거야.

선행 기술 조사

발명이 어렵다고 느껴지는 것은 바로 독창성을 가져야 하기 때문이다. 독창성이란 무엇일까? '독창성'의 사전적 의미는 '모방적 태도를 버리고 자기의 개성과 고유의 능력에 의해 가치를 새롭게 창조하는 특성'이다. 내 발명에 독창성이 있다 없다를 확인하고 판단하는 것은 1차적으로 개인에게 있다. 따라서 발명의 과정에서 가장 먼저 해야 할 일은 다른 사람이 지금까지 무엇을 했는지 조사하는 것이다. 발명을 위해 제시한 나의 아이디어가 이미 존재했는지를 확인해야 하고, 만약 다소 유사하지만 다른 점이 있다면 정확히 어떤 부분에서 차이점을 보이는지 제시해야 한다. 우리는 이러한 작업을 흔히 '선행 기술 조사'라고 부른다.

　사실 선행 기술 조사는 학생발명대회보다는 국가에 특허를 출원·등록할 때 주로 수행된다. 우리나라는 대표적인 선행 기술 조사 전문 기관으로 특허 정보진흥센터가 있다. 특허 정보진흥센터는 특허성 여부 판단을 위해 출원된 발명과 동일·유사한 종래 기술이 존재하는지 여부를 조사·분석해 특허 심사관에게 제공함으로써 특허 심사의 질적 향상과 심사 기간 단축에 기여한다.

즉, 돈만 준다면 학생의 발명 아이디어에 대해 전문 기관에 선행 기술 조사를 의뢰할 수 있다. 하지만 학생발명대회에서는 선행 기술 전문 기관에서 작성한 자료를 제출하면 안 된다고 말하고 있다. 바꾸어 말하면 학생발명대회에서는 특허 수준의 선행 기술 조사를 요구하지 않으며, 참가자가 선행 기술 조사를 수행해야 한다는 것을 의미한다. 학생은 선행 기술 조사를 잘해 둬야 나의 발명 아이디어가 독창적이라고 이야기할 수 있기 때문에 꼼꼼한 정리가 필요하다. 일반적으로 학생발명대회 참가를 위해서는 세 가지 방법으로 선행 기술 조사를 수행할 수 있다.

조사 방법#1
역대 발명대회 수상작품을 검색한다

먼저 학발경의 역대 수상작을 확인하는 방법을 알아보자. 학발
경은 아래의 사이트에 접속해 수상작품의 검색이 가능하다.

- https://www.science.go.kr/

자료 출처: 국립중앙과학관

메인 화면에서 '특별전·행사' 탭 위에 마우스를 올려놓은 뒤,
'전국학생과학발명품경진대회'를 선택해 클릭한다.

'경진대회 통합검색'을 클릭한다.

엄마 아빠와 함께 학생발명대회 도전하기

'경진대회 통합검색' 화면에서 '검색어를 입력해 주세요' 부분에 검색어를 입력하면 수상작을 검색할 수 있다.

다음으로 학발전을 살펴보자. 학발전은 아래의 사이트에 접속해 검색이 가능하다.

- https://www.ip-edu.net/kosie/award

자료 출처: 발명교육포털사이트

'역대 수상작' 화면에서 '검색어를 입력하세요' 부분에 검색어를 입력하면 수상작을 검색할 수 있다. 검색 결과에서 나오는 수상작들을 천천히 살펴보면서 내가 생각하고 있는 발명 아이디어와 어떻게 다른지 살펴본다. 그리고 자신의 발명품과 비교해 차이점을 정리한다.

조사 방법#2
KIPRIS 사이트에 접속해 특허를 검색한다

특허를 검색하기 위해서는 KIPRIS에 접속해야 한다. 한국특허
정보원에서 관리하는 KIPRIS 사이트의 인터넷 주소는 다음과
같다.

- http://www.kipris.or.kr/

자료 출처: 특허정보넷 키프리스

    KIPRIS 메인 화면의 가장 위쪽에 배치되어 있는 메뉴 중, '특
허·실용실안'을 클릭한다. KIPRIS에서 특허를 검색할 때는 키
워드 선택이 중요하다. 아주 일반적인 키워드를 사용할 경우
검색 범위가 넓어 너무 많은 특허가 검색된다.

　　　　　　엄마 아빠와 함께 학생발명대회 도전하기

예를 들어 '슬리퍼'라는 검색어를 사용하면 3,400여 개의 슬
리퍼 관련 특허가 검색된다. 아무리 시간이 많다 하더라도 혼
자서 몇천 개나 되는 특허를 전부 살펴볼 수 없다. 따라서 몇
가지 테크닉을 사용해 검색 결과 수를 줄여야 한다.

자료 출처: 특허정보넷 키프리스

가장 먼저 사용해야 할 테크닉은 특허를 검색할 때 행정 상태를 '전체'가 아닌 '공개'와 '등록'만 체크해 검색하는 것이다. 특허는 여러 가지 행정 상태로 존재한다. 각 행정 상태의 설명은 다음과 같다.

거절: 출원 후 특허 심사 과정에서 실체적인 특허 등록 요건을 만족하지 못할 경우에 심사관이 취하는 행정처분
등록: 심사관이 심사한 결과 등록 요건에 적합해 설정 등록을 받을 수 있다는 내용의 행정처분
소멸: 특허 등록 후 존속 기간이 만료되어 권리가 소멸된 상태
무효: 출원 또는 등록된 상태에 대해 특정 사유로 인해 그 권리나 행위가 무효화된 상태
취하: 출원한 특허가 등록되기 전 여러 사유로 인해 출원이 취소된 상태
포기: 출원인의 포기서 제출, 등록료 불납 등으로 등록 결정이나 권리를 포기한 상태
공개: 출원이나 등록 사실이 일반 공중에게 공표된 상태로 출원 후 18개월이 지난 건

위의 설명에서도 알 수 있듯이, 발명대회의 선행 기술 조사는 '공개'와 '등록' 상태인 특허가 중요하다. 이에 반해 거절, 소멸, 무효, 취하, 포기 상태인 특허는 그다지 중요하지 않다. 즉, 아무런 조치 없이 검색을 하면 확인할 필요가 없는 특허들이 검색 결과에 포함되어 있다. 비록 검색에서 제외된 특허들(거절, 소멸, 무효, 취하, 포기 상태인 특허)의 내용이 나의 발명 아이디어와 다소 유사하더라도 법적으로 큰 문제가 될 것이 없다.

예를 들어 '공개'와 '등록'의 행정 상태만 체크하고 '슬리퍼'로 검색할 경우, 검색 결과는 3,400여 개에서 790여 개로 크게 줄어든 것을 볼 수 있다. 하지만 790이라는 숫자는 검토하기에는

여전히 큰 숫자다.

이때부터는 검색 키워드 수를 증가시켜 검색 결과 수를 더 줄여야 한다. 키워드 수가 늘어나면 검색 범위는 좁아져서 검색 결과 수도 줄어든다. 이 경우에는 내가 참고해야 할 특허가 필터링 되어 검토 없이 그냥 지나칠 수 있기 때문에 조심해야 한다. 키워드 수는 최종적인 검색 결과 수가 약 100개 이내로 들어올 때까지만 증가시킨다.

예를 들어 '공개'와 '등록'의 행정 상태만 체크하고, '슬리퍼 바닥 미끄럼'으로 검색할 경우, 검색 결과는 90개까지 줄어든 것을 볼 수 있다. 검색 결과가 100개 이내로 추려지면, 특허 그림과 특허 요약을 빠르게 읽으면서 나의 발명품과의 유사성을 확

인한다. 100개의 특허 중 유사성이 높다고 판단되는 10~20개
정도를 별도로 재분류하고, 자세히 읽어 본 후 정리한다.

조사 방법#3
구글google에서 검색한다

우리나라와 관련된 정보는 구글보다 네이버가 더 우수한 결과
를 보여 주지만, 학생발명대회과 관련된 검색만큼은 구글을 사
용하는 것이 좋다. 왜냐하면 전 세계 사람들이 가장 많이 사용
하는 검색 엔진은 구글이기 때문이다. 따라서 구글을 사용해

키워드 검색을 수행하면 방대한 자료의 검색이 가능하다. 검색되는 자료 양이 너무 많기 때문에 자신이 원하는 자료를 빠르게 찾아내는 것이 실력이다. 구글 검색 방법은 KIPRIS 사이트와 동일하게 나의 발명품에 관련된 핵심 키워드로 검색하면 된다. 다만 자료가 방대하기 때문에 처음부터 키워드 2~3개를 사용해도 상관없다. 또한 한글어로 검색하면 한글로 작성된 사이트 위주로 검색 결과를 보여 주기 때문에 영어로도 검색을 수행해야 한다. 참고로 구글 검색 시, 아래 예시와 같은 검색어에 기호나 단어를 사용하면 더 정확한 검색 결과를 얻을 수 있다.

□ 소셜 미디어 검색
소셜 미디어에서 검색하려면 단어 앞에 '@' 기호를 입력.
예 @twitter.

□ 가격 검색
숫자 앞에 '$' 기호를 입력.
예 카메라 $400.

□ 해시태그 검색
단어 앞에 '#' 기호를 입력.
예 #throwbackthursday

□ 검색어에서 단어 제외
제외하려는 단어 앞에 기호를 입력.
예 재규어 속도 차

□ 정확히 일치하는 결과 검색
단어 또는 문구를 큰따옴표 안에 넣음.
예 "가장 높은 빌딩"

□ 숫자 범위 내에서 검색
두 숫자 사이에 '..' 기호를 입력.
예 카메라 $50..$100.

□ 검색어 조합
각 검색어 사이에 'OR'를 입력.
예 마라톤 OR 경주.

□ 특정 사이트 검색
사이트 또는 도메인 앞에 'site:'를 입력.
예 site: youtube.com 또는 site: .gov.

□ 관련 사이트 검색
이미 알고 있는 웹 주소 앞에 'related:'를 입력.
예 related: time.com.

자료 출처: 구글

엄마 아빠와 함께 학생발명대회 도전하기

위의 검색 기술에 더해서 구글을 활용한 가장 빠른 선행 기술 조사 방법은 '이미지 검색'이다. 일반적으로 구글 검색 결과는 텍스트 형태로 나열된다. 이때 검색 결과 상단을 보면 '이미지'가 있는데, 이것을 눌러 이미지 검색 페이지로 이동한다. 이미지는 직관적이기 때문에 나의 발명과의 유사성을 빠르게 살펴볼 수 있다. 만약 유사한 이미지를 발견하면 해당 이미지를 '다른 이름으로 저장'해 놓은 뒤, 이미지가 존재하는 사이트로 접속해 자세히 살펴본다. 발명과 연관된 이미지는 약 10~20개 정도를 선정한 후, 나의 발명품과의 차이점을 정리한다.

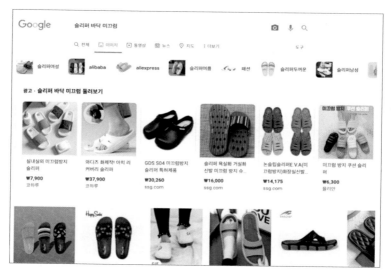

구글 이미지 검색
자료 출처: 구글

[부모의 역할]

선행 기술 조사는 학생발명대회 입상을 위해 아주 중요한 과정이지만, 학생들이 하기에는 난이도가 높다고 생각된다. 왜냐하면 찾아봐야 하는 자료가 너무 많고, 전문적이며, 기술적 차이점에 대한 기준이 명확하지 않기 때문이다. 또한 컴퓨터 및 인터넷 검색에 대한 경험이 필요하므로 컴퓨터에 친숙하지 않은 사람(특히 초등학생)에게는 더욱 어렵게 느껴질 수 있다. 따라서 선행 기술 조사를 제대로 수행하기 위해서는 부모의 도움이 필요하다.

선행 기술 조사 중, 학발경과 학발전 수상작에 대한 검색 및 내용 파악은 비교적 쉽다. 왜냐하면 학발경과 학발전의 자료들은 학생들이 이해할 수 있는 수준으로 작성되어 있기 때문이다. 따라서 처음에는 역대 수상작에 대한 선행 기술 조사를 시작해 보도록 지도한다.

역대 수상작 조사와는 달리, 특허에 대한 선행 기술 조사는 자녀 스스로 수행하기가 어렵다. 일반적으로 특허는 기술적인 용어들로 작성되어 있기 때문에 어른들도 인터넷을 찾아 가며 정독하지 않으면 특허 내용을 쉽게 이해하기 힘들다. 따라서 자녀에게 특허 검색의 절차와 방법에 대한 교육만 하고, 실제 조사는 부모가 수행하는 것이 효율적이다. 앞에서 언급했듯이 부모는 발명과 관련된 특허를 10~20개 정도로 간추린 다음,

자녀가 이해할 수 있는 수준의 내용으로 정리한다. 그리고 정리된 결과를 활용해 자녀가 기술적 차이점을 이해하고 말할 수 있도록 지도한다.

STEP 4

발명품은
이렇게 만들어라

절차

일반적으로 발명품을 제작하기 위해서는 '개념 설계 → 기본 설
계 → 상세 설계 → 1차 발명품 제작 → 시험 평가 → 발명품 수
정·보완(2차 발명품) → 최종 완성'의 절차를 따른다. 각 단계의
의미는 다음과 같다.

개념 설계

발명품의 아이디어와 작동 원리에 대한 개념을 수립하는 단
계다. 개념 설계 단계에서는 발명품의 크기나 형태는 그다지
중요하지 않다. 다만, 발명 아이디어 및 발명품의 작동 원리가
무엇인지 정확히 표현할 수 있어야 한다. 발명 심사위원은 개
념 설계만 보더라도 발명품의 가치를 판단할 수 있다. 개념 설
계 단계를 '음악'과 비유해 보자면, 작곡가가 후렴 부분에 대해

서만 음을 흥얼거릴 수 있는 정도로 만든 상태를 말한다. 음악의 후렴 부분은 그 음악의 하이라이트이고 전체를 대표하기 때문에 음악을 좋아하는 사람이라면 그 부분만 들어도 음악의 성공 여부를 예측할 수 있다.

기본 설계

개념 설계의 결과가 실제로 구현될 수 있도록 발명품에 대한 개략적인 크기와 형태 등을 설계하는 단계다. 이 단계에서는 발명품에 대한 구체적인 치수를 정하고, 어떤 재료를 사용할지 결정한다. 또한 구조적으로 부서지는 곳은 없는지, 기능상 실현될 수 없는 부분은 없는지 등을 공학적으로 평가한다. 기본 설계 단계를 '음악'과 비유해 보자면, 작곡가가 전체 음악의 틀을 만들고, 초기 수준의 악보까지 완성한 상태를 말한다.

상세 설계

발명품 제작을 위해 정확한 치수까지 설계하는 단계다. 이 단계에서는 발명품의 상세한 형상이나 재료, 가공법 등이 정해지고, 실제의 제작 도면이 나온다. 상세 설계 단계를 '음악'과 비유해 보자면, 작곡가는 전체 음악에 대한 악보를 최종적으로 완성하고 가사, 사용 악기, 가수 섭외 등까지 결정한 상태를 말한다.

발명품 제작

말 그대로 발명품을 실제로 제작하는 단계다. 이 단계를 '음악'과 비유해 보자면, 연주자와 가수가 악보를 보면서 음악을 녹음한 상태를 말한다.

시험 평가

제작된 발명품이 제대로 작동하는지 시험해 보고 평가하는 단계다. 이 단계를 '음악'과 비유해 보자면, 음악을 발매해 대중들의 반응을 살펴보는 상태를 말한다.

발명품 수정·보완

시험 평가 결과를 바탕으로 시제품의 부족한 부분을 수정하고 보완하는 단계다. 이 단계를 '음악'과 비유해 보자면, 발매한 음악이 대중들에게 더 많은 인기를 얻기 위해 리믹스 버전이나 리메이크 버전으로 만든 상태를 말한다.

발명품을 제작할 때 위에서 언급한 절차를 반드시 따를 필요는 없다. 자신의 지식이나 경험 정도에 따라 절차를 변화시켜도 상관없다. 그럼에도 불구하고 학생발명대회에서 입상하기 위해서는 적어도 개념 설계와 기본 설계는 신경 써서 수행하는 것이 좋다.

왜 그래야 할까? 학생발명대회마다 심사기준이 조금씩은 다르지만, 대체적으로 발명품에 대한 '창의성'과 '과학적 원리'를 중점적으로 심사한다. 나중에 확인할 수 있겠지만, 학발경이나 학발전은 발명 아이디어의 창의성과 과학적 원리를 중요한 심사 기준으로 고려하고 있다. 따라서 학생발명대회의 참가를 위해서는 발명품의 창의성과 과학적 원리를 정확히 설명할 수 있어야 한다. 그러면 위에서 언급했던 발명품 제작 절차 중, 창의성과 과학적 원리는 어떤 단계에서 고려를 해야 할까? 뚜렷한 기준은 없지만, 개념 설계 단계에 포함시키는 것이 좋다. 즉, 개념 설계 단계에서 내가 제시한 발명 아이디어가 어떤 부분이 창의적인지, 어떠한 과학적 원리와 연관되어 있는지를 생각해야 한다.

'창의성', '과학적 원리'와 함께, 학생이 얼마나 많은 '탐구 활동'을 통해 발명품을 제작했는지도 중요한 심사 기준이다. 학발경과 학발전은 학생들의 탐구 과정을 확인하고자 작품 설명서나 발명 일지의 제출을 요구하고 있다. 결국 이것은 심사위원들은 발명의 결과뿐만 아니라 과정까지 평가하고 싶은 것이고, 학생이 발명대회에 얼마나 깊게 참여했는지를 확인하기 위함이다. 따라서 학생은 탐구 과정을 반드시 사진이나 발명 노트 형태로 남겨야 한다. 그러면 위에서 언급한 발명품의 제작 절차 중, 탐구 활동은 어떤 단계에서 고려해야 할까? 이 역시

엄마 아빠와 함께 학생발명대회 도전하기

뚜렷한 기준은 없지만, 기본 설계 단계에 포함하는 것이 좋다. 기본 설계는 결정의 과정이고, 그러한 결정을 위해서는 탐구 활동의 결과가 필요하기 때문이다. 즉, 학생은 탐구 활동을 통해 발명 아이디어를 실제로 구현하기 위해 내가 왜 이런 형태와 치수로 결정했는지, 내가 왜 이런 재료를 선택했는지 등을 설명할 수 있어야 한다. 결론적으로 개념 연구 단계에서는 창의성과 과학적 원리를 다루고, 기본 설계 단계에서는 탐구 과정을 다루는 것이 좋다.

[부모의 역할]

발명품을 제작하기에 앞서, 자녀에게 발명품 제작 절차를 미리 설명한다. 이때 부모의 가장 중요한 역할은 발명대회 참가 시점을 고려해 발명품 제작 일정을 관리해 준다. 예를 들어 학발전의 경우, 2월 말에 참가 신청을 받으므로 1월 말까지는 발명품의 제작을 완료해야 한다. 따라서 발명품 제작 기간을 3개월 정도 소요될 것으로 추정하고, 전년도 11월경부터는 발명품 제작에 들어가도록 관리한다. 이와 함께 개념 설계 완료 시점, 기본 설계 완료 시점, 제작 완료 시점 등을 계산한 다음 자녀와 일정을 공유한다. 그리고 자녀가 일정대로 발명품을 제작하는지 관리한다.

개념 설계

개념 설계는 구체적으로 어떻게 하는 것일까? 모든 학생발명대회는 개념 설계를 어떻게 수행했는지(= 개념 설계 과정을) 문서로 작성해 제출하라고 요구하지 않는다. 다만, 개념 설계의 결과물을 제출하라고 요구하고 있다.

개념 설계의 결과물은 개념도다. 개념 설계를 수행한다는 것은 과학적 원리를 바탕으로 개념도를 그리는 것이라 이해하면 된다. 개념도는 자신의 발명 아이디어를 잘 설명할 수 있도록 그림으로 나타낸 것을 말한다. 그래서 상세 조건이나 치수를 고려하지 않고, 핵심 아이디어의 개념만 잘 나타내게 그리면 된다. 개념도는 발명대회 참가 시 반드시 제출해야 할 자료 중에 하나이므로, 예선 통과를 위해서는 절대로 대충 그려서는 안 된다. 이제부터 개념도를 어떻게 그려야 하는지 알아보자.

개념도에 창의성과 과학적 원리가 보이도록
단순하게 그린다

　개념도는 자신의 새로운 발명의 근간이 되는 창의성과 과학적 원리가 돋보이도록 단순하게 그려야 한다. 그림으로 비유하자면 정물화·인물화를 그리기보다는 포스터에 가깝게, 서양화보다는 동양화에 가깝게 그려야 한다. 즉 개념도는 현실감 있게 디테일하게 그리는 것보다, 짧은 시간 내에 핵심 내용을 전달할 수 있도록 단순하게 그려야 한다. 심사위원이 발명의 개념도를 봤을 때, 처음에는 '이게 무슨 원리지? 어떤 과학적 원리를 사용했지?'라고 궁금해 하다가, 약 2~3초 생각 후에 '아하, 이런 생각을 사용했구나!'라고 깨우칠 수 있게 그리는 것이 좋다. 설명이 길고 어려우니, 실제 개념도를 보면서 이해해 보자.

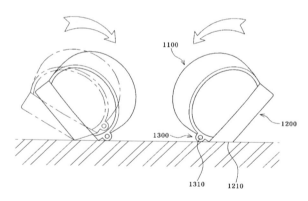

욕실용 슬리퍼의 개념도
자료 출처: 공개실용신안 20-2012-00007480

위의 그림은 KIPRIS 사이트에서 검색할 수 있는 욕실용 슬리퍼(공개실용신안 20201200007480)에 대한 개념도다. 발명의 핵심은 샤워 후 벗어 두기만 하면 물 빠짐이 이루어질 뿐만 아니라, 벗어 둔 상태에서 뒤집어지지 않도록 된 슬리퍼에 무게 추(그림에서 1310번)를 설치한 것이다. 개념도를 보자마자 과학적 원리가 떠오르지는 않지만, 잠시 생각해 보면 창의성과, 무게 중심의 과학적 원리를 엿볼 수 있다. 욕실화는 사용하지 않는 동안에 욕실화의 바닥 옆쪽 끝(모서리)를 지지점으로 해 무게 추에 의해 자동적으로 회전할 수 있다. 회전한 욕실화는 경사져 있고 바닥 면이 오픈되어 있기 때문에 욕실화에 묻어 있던 물기는 중력과 대기에 의해 빠르게 건조되는 효과가 있다.

위의 개념도를 살펴보면 라인도 단순하고, 채색도 되어 있지 않다. 즉, 슬리퍼를 자세히 그리려고 노력하지 않았기에 얼핏 보면 성의가 없어 보일 수도 있다. 하지만 그 덕분에 창의성과 과학적 원리를 더 돋보인다는 것을 느낄 수 있다. 눈은 화려함에 먼저 반응한다. 만약 이 그림에 강한 채색이 더해 졌거나, 복잡한 라인, 치수, 설명들이 추가되었다면 창의성과 과학적 원리에 대한 집중도가 떨어졌을 것이다.

유튜브나 틱톡에서도 긴 영상을 압축·요약·재편집해 핵심 내용만 전달하는 영상들이 인기가 있다. 그만큼 현대인들은 봐야 할 자료는 많은데 비해 시간은 부족하므로 최대한 단시간 내에 자료의 핵심을 한 방에 꿰뚫어 보길 원한다. 발명대회의 심사위원도 시간이 없는 것은 마찬가지다. 서류 심사 동안에는 짧은 시간 내에 많은 발명 관련 자료를 검토해야 하기 때문에 제목과 개념도를 주로 훑어보고 선정한다. 따라서 개념도는 그림만 보더라도 발명 아이디어를 충분히 이해할 수 있도록 직관적으로 그려야 한다. 그러기 위해서는 개념도는 복잡하게 그려서는 안 된다. 최대한 간단하면서도 명료하게 그려야 한다.

3차원 Iso-view 형태로 그린다

위의 욕실화 개념도는 창의성과 과학적 원리가 돋보일 수 있도록 그려지긴 했지만, 완벽하다고는 말할 수 없다. 왜냐하면 개념도를 보자마자 욕실화에 대한 그림이라고 생각이 들지 않았기 때문이다. 만약 욕실화 그림을 3차원으로 그렸다면 좀 더 빠르게 이해할 수 있었을 것이다.

기계 가공을 위해서는 정면도, 평면도, 측면도 등과 같이 2차원 도면 형태로 그리는 것이 세계 표준이다. 하지만 개념도를 2차원 도면 형태로 표현하면 발명 아이디어를 직관적으로 이해하기 힘들다. 이것은 미술 역사를 살펴봐도 그 이유를 알 수 있다. 알타미라 동굴 벽화나 고대 이집트 벽화를 보면 사람과 동물을 2차원으로 그렸다. 하지만 문명이 발전하고 미술 실력이 향상됨에 따라 화가의 의도를 더 직관적으로 이해할 수 있도록 3차원으로 그림을 그렸다. 이와 같이 자신의 발명 아이디어를 상대방에게 효과적으로 설명하기 위해서는 발명의 개념도를 3차원 Iso-view 형태로 그리는 것이 좋다.

2차원으로 그려진 이집트 벽화

3차원으로 그려진 중국 그림
2차원보다 표현력이 좋고 이해하기 쉽다

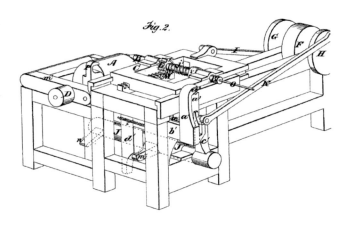

3차원 Iso-view 형태로 그려진 개념도

시작은 연필로,
마무리는 네임펜이나 볼펜으로 한다

학생발명대회 참가를 위해 컴퓨터를 이용해 개념도를 그린다는 것은 오히려 역효과를 일으킬 수 있다. 왜냐하면 학생 수준에서 CATIA, SolidWork 등과 같은 3차원 설계 프로그램을 사용하는 것이 그렇게 흔한 일이 아니기 때문이다. 자칫 잘못하면 전문가의 도움을 받았다고 의심받을 수 있다. 따라서 개념도의 시작은 연필과 함께 해야 한다. 즉, 처음에는 연필로 개념도에 대한 밑그림을 그린다. 머릿속에 있는 아이디어는 구체적이지 않기 때문에 그것을 끄집어 내어 그림으로 나타내는 일

엄마 아빠와 함께 학생발명대회 도전하기

은 쉽지 않을 것이다. 그만큼 내가 그린 그림이 최선이 아닐 가능성이 높고, 어쩔 수 없이 그렸다 지웠다를 여러 번 반복해야 한다. 그러기를 몇 번 되풀이하다 보면 최선의 개념도에 가까워 진다. 연필로 그린 개념도가 이해하기 쉽다고 판단되면 네임펜이나 볼펜을 사용해 개념도를 돋보이게 한다. 즉, 네임펜이나 볼펜을 사용해 연필로 그려진 개념도의 아웃라인을 따라 덧칠한다. 그래야 개념도가 눈에 확 들어온다. 아웃라인을 모두 그렸다면 지우개를 사용해 연필로 그려진 선들을 깨끗이 지운다.

필요하다면 색연필로 약하게 채색을 한다

개념도를 그릴 때 채색은 옵션이다. 즉, 굳이 채색하지 않아도 된다. 잘된 채색은 개념도를 더 돋보이게 할 수 있다. 반대로 잘못된 채색은(특히 너무 짙은 채색은) 채색을 안 한 것만 못하다. 따라서 채색은 신중히 결정해야 한다. 이런 이유로 개념도는 색연필을 사용해 채색하는 것이 좋다. 왜냐하면 색연필을 사용하면 최대한 넓은 면적을 빠르게 색칠할 수 있으며, 다른 채색 도구(물감, 크레파스 등)에 비해 옅게 색칠할 수 있기 때문이다. 만약 개념도가 너무 짙게 채색되면 발명 아이디어보다 색감에 눈이 먼저 가게 되어 시야가 분산될 수 있으니 조심해야 한다.

작동 원리가 쉽게 이해되도록 그림을 추가한다

단순한 발명 아이디어라면 3차원 Iso-view 그림만으로도 빠른 이해가 가능하겠지만, 발명 아이디어가 복잡하면 Iso-view만으로는 이해하기가 힘들 수도 있다. 이럴 경우에는 작동 원리가 이해될 수 있도록 그림을 조금 더 추가할 수 있다. 예를 들어 내부의 구조를 들여다볼 수 있도록 투시도나 단면도를 추가하는 방법, 다른 각도에서 발명품을 바라본 평면도·측면도를 추가하는 방법, 소형 부품에 대한 설명을 위해 확대도를 추가하는 방법 등이 있다.

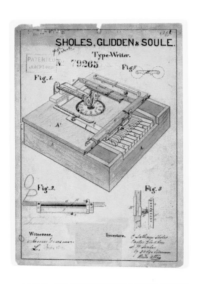

1868년 미국 특허에 등록된 타자기 개념도
이해를 돕기 위해 여러 가지 그림을 추가했다

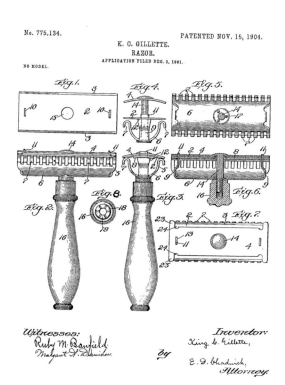

No. 775,134.

PATENTED NOV. 15, 1904.

K. C. GILLETTE.
RAZOR.
APPLICATION FILED DEC. 3, 1901.

NO MODEL.

Witnesses:
Ruby M. Banfield
Margaret A. Danraher.

Inventor:
King C. Gillette,
by
E. S. Chadwick,
Attorney.

1904년 미국의 질레트Gillette가 작성한 면도기 특허
측면도, 단면도 등을 추가해 이해를 돕고 있다

작동 원리가 쉽게 이해되도록 그림에 설명을 추가한다

만약 개념도의 그림만으로 작동 원리가 쉽게 이해되지 않는
다면 설명을 추가한다. 화살표를 사용해 부품이나 구조에 대한

명칭이나 짧은 설명을 추가하면 심사위원이 더 쉽게 발명 아이디어를 이해할 수 있다. 만약 글자를 조금 더 깔끔하게 적고 싶다면 개념도를 스캔scan한 후, 파워포인트에 그림으로 삽입한 다음 그 위에 명칭이나 설명 작업을 하면 된다. 이때에도 개념도의 집중도가 떨어지지 않도록 적당한 수준의 화살표나 글자만 사용한다.

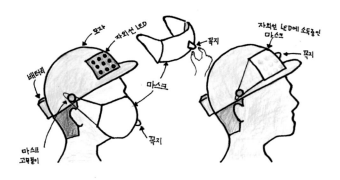

학생발명대회를 위해 아들이 그린 개념도

[부모의 역할]

개념도가 부모 마음에 들지 않는다고 해서, 자녀를 무시해서는 안 된다. 자녀가 어떤 개념도를 그리든, 최대한 칭찬을 많이 해 주는 것이 중요하다. 칭찬의 목적은 자녀의 자존감을 높여 주고 이를 통해 더 많은 아이디어를 도출해 개념도를 그리도록 유도하기 위함이다. 나중에 그려진 개념도들을 펼쳐 놓고 자녀와 함께 제일 괜찮은 것을 선택하면 된다. 다음으로 선택한 개념도가 한눈에 들어오는지 심사위원 입장에서 평가해 준다. 만약 한눈에 들어오지 않는다면 개념도의 수정 방향을 알려 주자. 경험적으로 볼 때, 자녀가 그린 3차원 Iso-view 형태의 개념도가 뭔지 모르게 어색할 가능성이 높다. 사실 Iso-view 형태의 그림은 어른들도 그리기 어렵다. 따라서 자녀가 그린 3차원 그림이 어색하다면 부모가 연습을 해서라도 수정을 도와주도록 하자.

기본 설계

기본 설계는 탐구 과정을 바탕으로 개념 설계를 조금 더 구체화시키는 것이다. 앞서 설명했듯이 개념 설계는 최종 결과물인 개념도만 발명대회에 활용하고, 개념 설계 과정을 정리한 문서는 발명대회에서 활용하지는 않는다. 이에 반해 기본 설계는 그 과정을 문서로 정리해(주로 작품 설명서 혹은 발명 노트) 발명대회에 제출해야 한다. 기본 설계의 과정은 결국 탐구의 과정이라 생각하면 된다. 따라서 기본 설계 중 수행한 탐구 활동은 수시로 문서로 만들어 두어야 한다. 그래야 내용이 정리가 되고, 내실이 있으며, 쓸데없이 일을 두 번 하지 않게 된다. 그럼 기본 설계는 어떻게 수행해야 하는지 살펴보자.

처음부터 발명 노트를 준비한다

탐구 활동을 먼저 수행하고, 나중에 발명 노트를 적는다는 것은 앞뒤가 맞지 않는 행동이다. 일을 두 번 하지 않으려면 처음부터 발명 노트를 만들어 두어야 한다. 개념 설계·기본 설계·제작의 단계 구분 없이 발명에 관련된 모든 활동은 일기처럼 발명 노트에 작성해야 한다. 왜냐하면 발명 노트는 작성된 내용의 질도 중요하지만, 양도 중요하기 때문이다. 심사위원이 판단할 때, 발명 노트의 내용이 많다는 것은 그만큼 탐구 활동을 많이 한 것이라고 생각할 수 있다. 발명 노트에 작성된 내용의 질적 수준은 그다음 문제다.

그럼 발명 노트는 어떻게 준비해야 할까? 학교에서 사용하는 일반적인 노트나 연습장을 발명 노트로 사용해도 상관없다. 하지만, 연구자들이 사용하는 연구 노트를 구매해 활용하는 게 조금 더 편하고 전문적으로 보일 수 있다. 참고로 연구 노트의 내지는 격자 모양인 것을 추천한다. 왜냐하면 자 없이도 직선을 쉽게 그릴 수 있고, 직선의 길이를 쉽게 가늠할 수 있기 때문이다.

인터넷에서 구매할 수 있는 연구 노트
내지는 격자 모양인 것이 좋다

발명품 구현을 위한 작업을 분할breakdown한다

발명 아이디어를 구체화시키기 위해서는 발명품 구현에 필요한 작업들을 잘게 쪼개서 분할한 후 관리하는 것이 편리하다. 공학에서는 이러한 것을 작업 분할 구조WBS, Work Breakdown Structure라고 부른다. 작업 분업 구조의 개념은 1950년대 미국 국방부DoD에 의해 개발되었다.

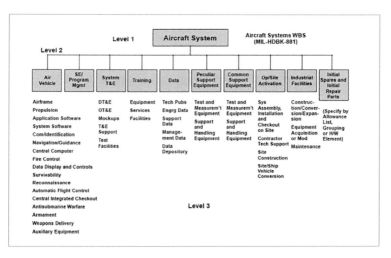

작업 분업 구조의 개념은
1950년대 미국 국방부DoD에 의해 개발되었다

'작업 분할 구조'라는 용어를 몰라도 일상에서 어떤 일들을 분할하는 사례는 많다. 예를 들어, 단체 가족 여행을 가기 위해 준비하는 과정을 보자. 가족 구성원이 모여 전체 할 일을 세부적으로 나누고, 이 일을 누가 언제까지 수행할지 역할 분담을 한 후 준비한다. 이와 같이 작업 분할 구조는 결국 일을 세분화하고, 일정을 짜고, 역할 분담을 하는 과정이라 생각하면 된다.

발명품 구현할 때도 동일한 개념을 적용할 수 있다. 발명품 구현의 목표를 달성하기 위해 필요한 활동과 업무를 세분화하는 작업이 필요하다. 발명품 구현에 필요한 요소들을 계층 구조로 분류해 전체 범위를 정의하고, 작업을 관리하기 쉽도록 작게 세분화한다. 이때 계층 구조에서 최하위에 있는 항목을 작업 패키지work package라고 한다.

작업 분할 구조를 작성하는 WBS의 목적과 용도는 다음과 같다.

- 발명품을 어떻게 구성할지 확인할 수 있음
- 발명품 구현을 위한 작업 내역을 가시화할 수 있어 관리가 용이함
- 필요한 시간을 계산하고 일정을 계획하는 데 기초로 활용함
- 발명품 제작을 위한 비용 추정에 활용함

포스트잇을 활용해 작업 분할 구조를 어떻게 작성할 것인지 의논하고 있다.
자료 출처: Jabernal

뭔가를 결정하기 위해 실험을 수행한다

많은 사람들은 실험과 시험의 용어를 헷갈려한다. 실험 experiment이란 아직 실증되지 않은 이론이나 기술을 전제로 그걸 입증하기 위해 실제로 해 보거나 새로운 이론 또는 기술을 찾기 위해 관측, 제작, 작동 등을 하는 것을 말한다. 이에 반해 시험test이란 이미 증명된 이론이나 기술을 전제로 그것에 맞춰 모르는 대상을 검증하거나 혹은 그것에 맞춰 만들어진 대상이 제대로 된 결과를 보여 주는지를 확인하는 것을 말한다. 쉽게 설명하자면, 발명품을 개발하는 과정에서는 모르는 것을 탐구하고 입증하기 위한 실험이 필요하고, 발명품을 완성한 단계에서는 발명품이 제대로 동작하는지를 확인하기 위한 시험이 필요하다.

기본 설계는 개념 설계를 구체화 과정이라고 말했다. '구체화한다'는 것은 작업 분할 구조의 각 작업 패키지와 관련해 미확정된 사항들을 결정해 나가는 것이다. 하지만 결정을 할 때는 근거가 필요하고, 그 근거는 실험을 통해 획득할 수 있다. 그렇다고 해서 결정할 때마다 무조건 실험을 해야 한다는 것은 아니다. 다른 사람이 수행했던 실험 결과나 전문가의 조언도 좋은 근거가 될 수 있다. 그렇다면 실험으로 근거를 마련해야 하는 결정이란 어떤 것을 말하는 것일까?

발명품의 핵심 기능에 관련된 실험을 수행하라

사실 발명은 세상에 없는 것을 만들어야 하는 일이므로, A부터 Z까지 모든 것을 결정해야 한다. 하지만 우리는 발명대회에 참가해 입상을 해야 하므로 발명의 핵심적인 기능을 구현하기 위한 것들을 중심으로 실험을 수행하고, 그 실험 결과를 바탕으로 설계를 결정하는 과정을 보여 줄 필요가 있다. 예를 들어 KF94 마스크를 활용한 공기청정기를 발명한다고 가정해 보자. 위의 발명품의 핵심 기능은 빠른 미세먼지 포집이다. 따라서 우리는 발명품의 핵심 기능과 관련해 아래와 같이 '팬'이라는 작업 분할 구조의 작업 패키지에 대한 중요한 설계 결정 사항이 생긴다.

'30분 만에 내 방의 공기를 정화시키기 위해서는 어떤 종류의 팬을 사용해야 할까?'

위 질문에 대한 답은 공기청정기 전문가에서 물어보면 쉽게 얻을 수 있을 것이다. 하지만 학생발명대회는 쉽게 답을 얻는 것을 원하지 않는다. 조금 시간이 걸리더라도 최대한 과학적 사고나 탐구를 통해 학생 스스로가 답을 찾아내기를 요구한다. 그것이 발명 교육이기 때문이다. 학생은 전문가의 조언 대신 송풍기 관련 실험을 수행해 답을 얻어야 한다.

과학적인 실험 절차에 따른다

일반적으로 실험은 '계획 → 실행 → 결과 및 분석 → 결론'의 과정을 거친다. 대학교나 기업 연구소에서도 위의 과정에 따라 실험한다. 연구자들은 다른 사람이 작성한 논문이나 보고서를 읽으면서 실험 과정이 타당한지, 그 속에 오류가 없는지 등을 체크한 후 실험 결과를 받아들인다. 만약 실험 과정에서 오류가 발견되었다면 실험 결과를 사실로 받아들이지 않는다. 이와 같이 과학적으로 실험을 계획·실행하고 논리적으로 결과를 분석해 결론에 도달하는 것은 과학적 탐구 활동의 가장 핵심이라 볼 수 있다. 따라서 학생이라 할지라도 기본 설계 단계에서 수행하는 실험들은 반드시 일반적이고 보편화된 절차를 지켜야 한다.

그럼 실험 절차 중 가장 먼저 해야 하는 '계획'은 어떻게 해야 되는지 알아보자. 계획은 아래와 같이 실험 목적 및 필요성, 실험 방법을 작성하는 것이다.

실험 목적 및 필요성
- 내가 왜 이런 실험을 해야 하는가?
- 실험을 통해 무엇을 결정하려고 하는가? 혹은 무엇을 확인하려 하는가?

실험 방법
- 실험 목적 달성을 위해 어떤 실험을 할 것인가?
- 실험의 독립변인과 종속변인은 무엇인가?
- 실험 과정에서 측정(기록)해야 할 사항은 무엇인가?
- 실험에 필요한 장비가 무엇인가?

특히 실험 방법을 작성할 때 오류를 범하기 가장 쉽다. 왜냐하면 자신의 실험 목적을 달성하는 데 집중하다 보면, 무의식 중에 많은 것들을 비논리적으로 '무시'하거나 '가정'해 버리기 때문이다. 예를 들어 '아이가 목이 아프면 열이 난다'는 사실을 확인하기 위해 실험을 계획한다고 생각해 보자. 실험자가 가장 관심 있는 부분은 아이의 목 상태와 체온의 상관관계일 것이다. 따라서 실험자는 실험 방법으로 1시간마다 아이들의 목 상태를 사진 촬영하고, 온도계를 사용해 아이들의 체온을 측정하는 방법을 제시했다고 가정해 보자. 얼핏 보면 실험 방법이 논리적이라고 생각할 수 있지만, 실제로는 실험 방법에 오류가 많이 섞여 들어가 있다. 왜냐하면 아이의 체온은 목 상태 이외에도 다른 요인들(코 상태, 폐 상태, 주변 온도 등)에 의해서 수시로 변화할 수 있기 때문이다. 실험자는 실험 방법을 계획할 때, 다른 요인들은 아이의 체온에 영향을 주지 않으며(무시), 오로지 목 상태에 따라 체온이 결정된다고 생각해 버렸다(가정).

위와 같이 실험 방법에 오류가 섞여 들어가지 않게 만들려며 변인을 제대로 설정해야 한다. 변인variable이란 실험에서 고려될 수 있는 모든 조건이다. 변인은 여러 가지 종류가 있으나, 제일 중요한 통제변인, 독립변인, 종속변인만 생각하면 된다. 통제변인은 실험에서 변하지 않고 일정하게 유지시키는 조건(코 상태, 폐 상태, 주변 온도 등), 독립변인은 실험에서 변화시키는 조건(아이 목 상태), 종속변인은 독립변인의 조건에 따라 변화하는 결과(체온)를 말한다. 다시 한번 '아이가 목이 아프면 열이 난다'는 사실을 확인하기 위한 실험 계획을 생각해 보자. 실험 방법의 오류를 제거하기 위해서는 통제 변인으로 생각할 수 있는 코 상태, 폐 상태, 주변 온도 들이 일정하게 유지되도록 제어해야 한다. 다시 말하자면 아이의 목 상태만 확인할 것이 아니라 코 상태, 폐 상태, 주변 온도까지 확인해 모두가 동일한 상태인지(코나 폐가 아프지 않고, 주변 온도가 동일한지)를 확인시켜 줘야 한다.

지금까지 살펴보았던 내용들을 바탕으로 공기청정기용 송풍팬을 결정하는 실험에 대한 계획을 수립해 보자. 우리는 다음과 같이 실험 계획을 작성할 수 있을 것이다.

실험 목적 및 필요성

방의 미세먼지를 제거시키기 위해서는 공기청정기가 필요함. 공기청정기 내부에는 공기를 강제로 순환시키기 위한 송풍 팬이 설치되어야 함. 송풍기는 종류가 다양하고 성능의 차이가 있으므로, 내 발명품에 적합한 송풍기의 선정이 필요함. 이번 실험은 30분 만에 내 방의 공기를 정화시키기 위해 필요한 송풍 팬을 선정하기 위함임.

실험 방법

발명품에 적용할 수 있는 송풍기 후보로 A, B, C사의 제품을 선정함. 각 회사별 송풍 팬을 발명품에 설치해 공기가 정화되는 정도를 10분 간격으로 조사함. 공기 정화 정도는 미세먼지 센서를 사용해 측정함.

- 실험의 독립변인: 송풍기 종류(A, B, C)
- 실험의 종속변인: 미세먼지량

실험에 필요한 장비

- 공기청정기(발명품)
- 송풍기 3개(A, B, C)
- 미세먼지량 측정기

　실험 계획이 수립되었다면, 그 계획에 따라 실제로 실험을 실행하면 된다. 만약 실험 계획이 잘 수립되었다면, 그 계획에 따라 실험을 실행하는 것은 의외로 쉽고 재미있다. 실험을 실행할 때 가장 주의할 것은 통제변인을 최대한 동일하게 유지해야 한다는 것이다. 예를 들어 공기청정기의 송풍기 실험을 할 때, 매 실험마다 방 안의 초기 미세먼지량을 최대한 동일하게 만들어 주어야 한다. 뿐만 아니라 창문 및 방문의 열림 상태, 방 안의 물건 배치, 실험자의 위치 등이 모두 동일해야 한다. 즉, 미세먼지량을 변화시킬 수 있는 다른 변수의 개입을 최대한 억제하고, 오로지 송풍기 종류에 의해서만 미세먼지량이 변화될 수 있도록 제어해야 한다. 실험을 완료했다면, 결과는 그래프나 표로 정리해 두는 것이 좋다. 결과 분석은 실험을 수행한 결과에 대해 자세히 살펴보고, 그런 결과가 나오게 된 이유를 설명한다.

실험 결과 및 분석

측정 시점	미세먼지량		
	A 회사	B 회사	C 회사
시작 시	100	100	100
10분 후	90	80	70
20분 후	80	60	40
30분 후	70	40	10

(실험 결과 설명) A 회사 송풍기는 10분 간격으로 미세먼지량이 10씩 감소하지만, B 회사 제품은 20씩, C 회사 제품은 30씩 감소한다. (이유 설명) 이러한 결과가 나온 이유는 C 회사 송풍 팬이 다른 회사 제품에 비해 프로펠러의 날개 크기가 크고 회전 속도가 빨라 송풍량이 많아졌기 때문이다. 공기 송풍량이 많고 적음은 공기청정기 출구에 붙여 놓은 종이가 얼마나 흔들리는지를 관찰해 확인할 수 있었다. 방 안의 공기 이동량이 증가한다는 것은 미세먼지가 KF94 마스크에 더 빨리 포집된다는 것을 의미한다.

실험 결과를 분석하면 결론적으로 여러 설계(안) 중 어떤 것으로 결정할지가 정해진다. 이러한 것들을 종합해 결론으로 작성하면 된다. 이와 같이 기본 설계 단계에서 수행하는 실험은 뭔가를 합리적으로 결정할 수 있는 근거를 제공하는 것을 볼 수 있다.

> **결론**
>
> C 회사의 송풍기는 다른 회사 제품에 비해 방 안의 미세먼지를 더 빠르게 제거시킬 수 있었다. 이것은 C 회사 송풍기의 프로펠러가 크고 회전 속도가 빨라서 공기 송풍량이 많기 때문이다. 결론적으로 공기청정기를 위한 송풍기 실험을 통해 30분 만에 내 방의 공기를 정화시키기 위해서는 C 회사의 제품이 적합하다는 것을 알 수 있다.

위의 실험 예는 한 가지 설계 사항에 대해서만 작성된 것이다. 하지만 사실 기본 설계 단계에서 결정해야 할 설계 사항은 여러 가지다. 실험을 많이 하면 많이 할수록 발명대회에서 좋은 점수를 받을 수 있다. 하지만 그만큼 시간과 노력을 더 많이 투자해야 한다. 따라서 설계의 우선순위를 정한 다음, 서너 가지의 중요한 사항에 대해서만 실험을 수행하자. 매 실험마다 발명 노트를 꼼꼼히 적는 것을 잊지 말자.

실험 과정을 사진으로 남긴다

상대방에게 내가 실행했던 실험 과정을 '말'로 설명하는 것보다 '사진'으로 보여 주는 것이 더 효율적일 수 있다. 그만큼 사진은 실험 과정을 더 직관적으로 보여 줄 수 있다. 사실 사진보다 더 좋은 것은 동영상이다. 하지만, 안타깝게도 동영상은 발명 노트에 포함시킬 수 없다. 따라서 실험을 하는 동안 최대한 많은 사진을 찍어 둔다. 찍은 사진은 실험 과정을 설명하기 위한 보조 수단으로서 A4의 절반 크기로 인쇄해 발명 노트에 붙이자. 사진 밑에는 반드시 사진에 대한 설명을 달아 놓자.

[부모의 역할]

　기본 설계 단계부터는 실험을 해야 하므로 자원 투입이 필요하다. 그래서 이 단계에서 부모의 가장 중요한 역할은 자녀의 탐구 활동을 위해 예산과 인력을 지원하는 것이다. 예를 들어 발명 노트를 생각해 보자. 일반적인 노트는 자녀가 용돈으로 문방구에서 직접 구매할 수 있다. 하지만, 부모가 인터넷으로 '연구 노트'를 구매해 자녀에게 전달한다면 시간적인 측면이나 효과적인 측면에서 더 좋은 방법이다. 아무래도 실험에 필요한 자재를 찾고 구매하는 것은 자녀보다 부모가 해 주는 것이 효율적이다. 다시 한번 말하지만, 발명대회가 학생에게 요구하는 것은 발명을 통해 학생 스스로가 창의적 사고와 탐구 활동을 체험해 보라는 것이다. 따라서 실험을 위한 잡일들은 부모가 도와주고, 자녀들은 창의적 사과와 탐구 활동에 집중할 수 있도록 도와주어야 한다. 또한 자녀가 수행하는 모든 실험과정을 사진으로 남기는 것도 부모의 몫이다.

제작

사회가 고도화되면서 업무의 효율화를 위해 분업화가 많이 이뤄졌다. 과거에는 기계를 설계하는 사람과 기계를 제작하는 사람이 동일했다면, 현재에는 그렇지 않다. 이제는 기계를 설계하는 사람은 전문적으로 설계만 하고, 제작은 전문적으로 제작하는 사람에게 맡긴다. 경험적으로 그렇게 하는 것이 더 효율적이고 생산적이라는 것을 알게 되었기 때문이다. 그러면 기계를 설계하는 사람과 기계를 제작하는 사람 사이에 소통이 필요하게 된다. 소통을 위해서는 상호 약속된 언어가 필요하다. 세계 여러 국가 사람들이 상호 소통하기 위해서는 영어라는 언어가 필요하듯이, 기계 설계자와 기계 제작자가 소통하기 위해서는 '도면'이라는 언어가 필요하다.

설계자는 도면을 그려서
제작자와 소통한다

이 책에서 언급했던 상세 설계는 결국 가공이나 제작을 위해 도면을 그리는 것이라 볼 수 있다. 도면을 그릴 때는 각 나라별 혹은 국제 규격에 따라야 하며, 제작자가 실제로 제작할 수 있는지까지 고려해야 하기 때문에 지극히 전문적인 영역이다. 그래서 도면 작업은 학생들이 단기간 내에 배워서 직접 수행하기가 어렵다. 학생발명대회의 심사위원들도 그러한 사실을 잘 알고 있고 도면 작업이 대회의 취지에도 맞지 않기 때문에 학생들이 직접 도면을 그리는 것을 원하지 않는다. 바꾸어 말하자면 학생발명대회에 참가하기 위해 학생들이 상세 설계를 수행할 필요는 없다.

학생발명대회에 제출할 발명품은 과거 개인이 혼자서 설계와 제작을 모두 수행했던 방식대로 만들면 된다. 그 말인즉슨 제작한 발명품이 정밀하지 않아도 되고, 깔끔하지 않아도 되며, 디자인적으로 훌륭하지 않아도 된다는 것을 의미한다. 왜냐하면 내가 각 분야별 전문가가 아니기 때문이다. 다만 발명의 목적에 부합되고 제대로 기능이 동작하면 된다. 그러니 손재주가 없다고 두려워할 필요가 없다. 그렇다면 발명품을 제작하는 팁에 대해서 살펴보자.

처음부터 발명품을 잘 만들려고 노력하지 말자, 어차피 두 번은 만들어야 한다

만약 개발자가 기업에서 시제품을 딱 한 개만 만들어서 소기의 목적을 달성할 수 있다면, 그 개발자는 엄청난 칭찬을 받을 수 있다. 왜냐하면 그만큼 개발 비용을 줄이고 이윤을 증가시킬 수 있었기 때문이다. 하지만 학생발명대회는 조금 다르다. 학생발명대회는 얼마나 적은 비용으로 발명품을 만들었는지(비용 절감)에 대한 심사는 거의 하지 않는다. 대신 비용이 더 들더라도 발명품의 핵심 기능을 구현하기 위해 깊이 있는 탐구 활동을 수행하고, 그 결과로 발명품을 개선할 수 있었는지가 중요하다. 따라서 시간이 허락한다면 발명품을 최소 두 번 정도 만든다고 생각하는 것이 좋다. 첫 번째 발명품은 핵심 기능이 제대로 구현되는지를 확인하는 용도로 사용하고, 두 번째 발명품은 첫 번째 발명품을 수정·보완해 기능이 개선된 것을 확인하는 용도로 사용한다.

드라마가 성공하기 위해서는 스토리가 중요하듯이, 발명대회도 입상하기 위해서는 학생의 성장 스토리가 중요하다. 학생은 '1차 발명품 → 수정·보완 → 2차 발명품'의 과정을 겪으면서 자신만의 독특한 발명 성장 스토리를 써 나갈 수 있어야 한다. 이러한 이유 때문에 처음부터 발명품을 완벽에 가깝게 만들려고 노력할 필요가 없다. 처음부터 발명품을 잘 만들려고 노력하면 ① 발명대회에 참가한 학생의 성장 스토리가 재미 없어지고, ② 애초부터 부모가 학생에게 직접적인 도움을 주었다고 의심받을 수 있고, ③ 학생이 쏟은 시간·노력 투자 대비 얻을 수 있는 성과가 감소된다.

분리수거장을 공략하고, 플라스틱 재료를 사용하자

발명품은 좋은 재료를 사용해 만들거나 멋진 외관을 가질 필요가 없다. 그러한 요소는 발명대회의 중요한 심사 기준이 아니다. 오히려 비싸 보이거나 외관이 화려한 발명품은 발명대회의 목적에 부합되지 않기 때문에 심사위원으로부터 낮은 점수를 받을 수 있다. 따라서 발명품을 제작할 때는 가장 일반적이고 저렴한 재료를 사용하자.

발명에 필요한 재료는 온라인 혹은 오프라인 매장에서 구매하는 것도 좋지만, 아파트 분리수거장에서 먼저 찾아보는 것을 추천한다. 분리수거장에서 찾을 수 있는 발명 재료는 캔, 플라스틱, 폐가전제품 등이 있을 것이다. 여기서 우리가 특히 관심을 가져야 하는 재료는 플라스틱이다.

플라스틱은 처음 나왔을 때부터 사람들로부터 열렬한 환영을 받았다. 재료 가격이 싸고 가공성이 좋기 때문에 제품을 대량 만들 수 있었기 때문이다. 예를 들어 과거 머리빗은 비싼 상아나 거북 등껍질로 만들었기 때문에 아주 비쌌다. 하지만 플라스틱 재료를 사용하면서부터 머리빗은 누구나 가질 수 있을 만큼 저렴해졌다. 당구도 마찬가지다. 과거에는 당구가 상류층 스포츠였다. 왜냐하면 당구공이 값비싼 상아로 만들어졌기 때문이다. 하지만, 플라스틱의 탄생 덕분에 당구공을 싸게 만들 수 있게 되었다. 또한 코끼리나 거북의 희생도 줄일 수 있었기 때문에 플라스틱의 발명이 자연을 보호해 준다고 생각했다. 이런 이유로 현재에는 플라스틱이 철강보다 더 많이 생산하고 있고, 일상 주변에서 가장 쉽게 찾을 수 있는 재료가 되었다.

우리나라는 다른 나라에 비해 분리수거 문화가 잘 정착되어 있기 때문에, 가까운 분리수거장에서 다양한 종류 및 형태의 플라스틱 재료를 손쉽게 획득할 수 있다. 따라서 발명품을 제작할 때 플라스틱 재료를 우선적으로 사용하는 것을 추천한다. 플라스틱 재료를 사용할 수 없을 때 다른 재료를 고려하면 된다. 또한 재활용 플라스틱 재료를 사용하면 대면 심사 시 '나의 발명품은 환경까지 고려했다'고 강조할 수도 있다.

플라스틱의 일반적인 특징

① 단단하고 질기지만, 필요하다면 부드러우면서 유연하게 만들 수 있다.
② 다른 재료에 비해 가격이 싸고, 가공성이 좋다.
③ 다른 재료에 비해(금속이나 세라믹)에 비해 가볍다.
④ 열을 잘 전달하지 않는다(열 차단력이 우수하다).
⑤ 전기가 잘 통하지 않는다.
⑥ 빛을 잘 통과시킬 수 있다.
⑦ 화학약품에 안정적이다(보관 용기로 사용한다).
⑧ 탄성이 있고 충격을 흡수할 수 있다.

아들과 같이 분리수거장 공략하기

부피가 있는 발명품을 구조적으로 지지할 때는
나무를 선택하는 것이 좋다

발명품 제작을 위해 나무를 사용하는 것도 좋은 전략이다. 특히 무게나 힘을 지탱해야 하는 구조물이나 프레임을 제작할 때는 나무 재료를 선택하는 것이 좋다. 분리수거장에서 찾을 수 있는 플라스틱 재료는 대부분 소형이고, 내부가 비어 있기 때문에 구조물로 사용하기에는 부적합하다. 이에 반해 나무는 각재, 판재, 목봉 형태 등으로 구할 수 있기 때문에 구조물용 재료로 적합하다. 또한 나무는 못이나 스크류를 이용해 쉽게 조립할 수 있기 때문에 제작성도 좋다.

발명품에 나무 재료를 사용하는 데 있어 가장 힘든 부분은 재단과 가공이다. 즉, 일반적인 가정에는 나무를 재단하거나 가공할 수 있는 마땅한 공구를 보유하고 있지 않다. 그렇다고 해서 한 번만 사용할 공구를 비싼 돈을 주고 구매하는 것도 바람직하지 않다. 또는 목공소에 맡길 수 있지만 비싼 비용을 지불해야 한다. 하지만 더 이상 걱정할 필요가 없다. 최근에는 구매자가 원하는 대로 나무를 재단해 판매하는 인터넷 사이트가 많아졌기 때문에 재단과 가공 문제를 쉽게 해결할 수 있다. 구매자는 재단된 나무를 사용해 그냥 조립만 하면 된다. 다만 인터넷으로 나무를 구매하기에 앞서 설계를 정확히 해야 할 필요가 있다. 만약 설계 오류에 의해 잘못 재단된 나무를 구매했다면, 수정하기가 어렵다. 수정을 위해 공구를 사는 것보다 그냥 버리고 다시 구매하는 것이 더 저렴할 수 있기 때문에 계산기를 두드려 봐야 한다.

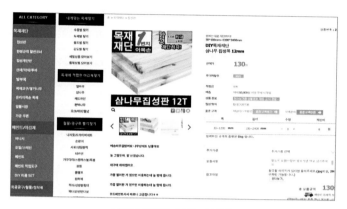

나무를 구매할 수 있는 사이트
나무를 원하는 대로 재단할 수 있는 옵션이 있다
자료 출처: 이목손

복잡한 형상의 부품은 3D 프린터를 활용하라

일반적으로 복잡한 형태의 부품은 두 가지 방법으로 만들 수 있다. 하나는 깎아서 만드는 것(기계 가공)이고, 다른 하나는 틀에 재료를 주입하고 굳혀 만드는 것(주조 혹은 사출)이다. 깎아서 만들 때는 주로 금속 소재를 원재료로 사용한다. 플라스틱은 금속보다 무르기 때문에 깎아서 만드는 것이 쉽지 않다. 플라스틱으로 복잡한 형태를 만들고 싶으면 사출성형 방법을 사용한다.

　금속을 깎아서 만드는 것은 시간과 비용이 많이 든다. 그러나 소량을 요구하더라도 제작자가 쉽게 만들어 줄 수 있다. 이에 반해 사출성형은 소량 생산에 적합하지 않다. 사출성형을 위해서는 '틀'을 먼저 만들어야 하는데, 틀 만드는 비용이 만만치 않기 때문이다. 사출성형으로 소량 제작하면 비용이 너무 많이 든다. 하지만 플라스틱의 가격이 저렴하기 때문에, 사출성형으로 대량 생산하게 되면 비용 측면에서 유리해진다.

　발명품은 많이 제작해 봐야 수량이 두 개 정도다. 그래서 지금까지는 복잡한 형상의 부품이 필요할 경우 기계 가공 방식을 선택했다. 하지만 3D 프린터가 대중화되면서 복잡한 형태의 부품도 플라스틱을 사용해 소량 생산하는 게 가능해졌다. 3D 프린터는 플라스틱을 조금씩 녹이고 굳히면서 복잡한 형태의 부품을 만들 수 있다. 가격이 저렴한 3D 프린터 경우, 50만 원 이하로 구매 가능하다. 물론 비싼 3D 프린터를 사용하면 질적으로 더 뛰어난 부품을 만들 수 있다. 하지만 50만 원 이하의 3D 프린터를 사용하더라도 발명품에 필요한 부품을 얼마든지 만들어 사용할 수 있다. 뿐만 아니라 최근 정부가 3D 프린터의 대중화를 위해 지속적인 투자를 하고 있기 때문에 학교나 가까운 정부 기관에서도 쉽게 도움을 받을 수 있다.

3D 프린터

자료 출처: Guy Sie

3D 프린터를 위해서는 3차원 CAD 프로그램을 사용해 모델링을 해야 한다. 이러한 작업 역시 도면과 유사하게 전문적인 영역에 해당한다. 최근에는 초등학생부터 3D 프린터 교육을 받을 수 있기 때문에 조금만 노력하면 혼자 힘으로 3차원 모델링을 할 수 있다. 하지만 학생이 투자해야 할 시간과 노력 정도를 생각한다면 그냥 전문가에게 맡기는 것이 더 효율적이다. 즉, 3D 프린터를 지속적으로 공부할 학생이 아니라면, 그냥 가

까운 학교나 업체를 찾아가 모델링과 출력을 모두 부탁하는 것이 바람직하다.

3D 프린터를 사용하면 복잡한 형태의 부품도 만들 수 있다
자료 출처: CMitchell

금속 재료의 부품이 필요하다면
'한국미스미'를 활용하라

아무리 플라스틱과 나무의 재료가 좋다고 하더라도 금속 재료의 부품이 필요할 때가 있다. 과거 배우 이병헌이 스마트폰 TV 광고에서 "단언컨대 메탈은 가장 완벽한 물질입니다."라고 말한 적이 있다. 아무리 광고 카피 문구라 할지라도 틀린 말이 아니다. 그만큼 금속 재료를 사용하면 얻을 수 있는 이점이 많

다. 예를 들어 베어링, 기어, 축, 스프링 등은 금속 재료를 사용할 수밖에 없다. 즉, 강도, 내구성, 탄성 등은 플라스틱이나 나무와는 비교할 수 없을 정도로 뛰어나다.

그럼 금속 재료 부품들은 어디서 구해야 할까? 네이버를 검색해 보면 수많은 업체를 찾아볼 수 있으나, 개인적으로는 한국미스미 사이트를 활용하는 것을 추천한다. 한국미스미 사이트는 다양한 형태의 재료를 소량 구매할 수 있고, 구매자의 요구대로 치수를 변경할 수 있다. 초보자에게는 구매 과정이 다소 복잡할 수 있지만, 익숙해지면 자기 입맛대로 부품을 주문할 수 있다.

- 한국미스미: `https://kr.misumi-ec.com/`

금속 재료의 부품은 한국미스미 사이트를 활용해 구매 가능하다
자료 출처: 한국미스미

완제품 형태의 부품(전자 부품 포함)이 필요하면
알리익스프레스를 활용하라

완제품 형태의 부품은 그게 뭐가 되었든 알리익스프레스 사이트에서 구매하는 것을 추천한다. 알리익스프레스는 알리바바 그룹 계열의 온라인 쇼핑몰로서 지구상의 모든 부품을 최저가로 구매할 수 있다. 우리나라를 비롯한 전 세계 사람들이 가장 애용하는 인터넷 상거래 사이트이며, DIY 족들에게는 성지로 통한다. 하지만 제품의 품질은 그다지 좋지 않으며, 중국에서 한국으로 배달되는 시간이 꽤나 길기 때문에 인내심이 필요하다. 또한 정확한 도착 시점을 알기 어렵기 때문에 충분한 여유 시간을 계산한 후 구매 시점을 정해야 한다. 알리익스프레스에서 구매하면 좋은 부품은 각종 센서들, LED 류, 스위치류 등과 같은 전자 부품이다.

- 알리익스프레스: https://ko.aliexpress.com/

전자 부품은 알리익스프레스 사이트를 활용해 구매 가능하다
자료 출처: 알리익스프레스

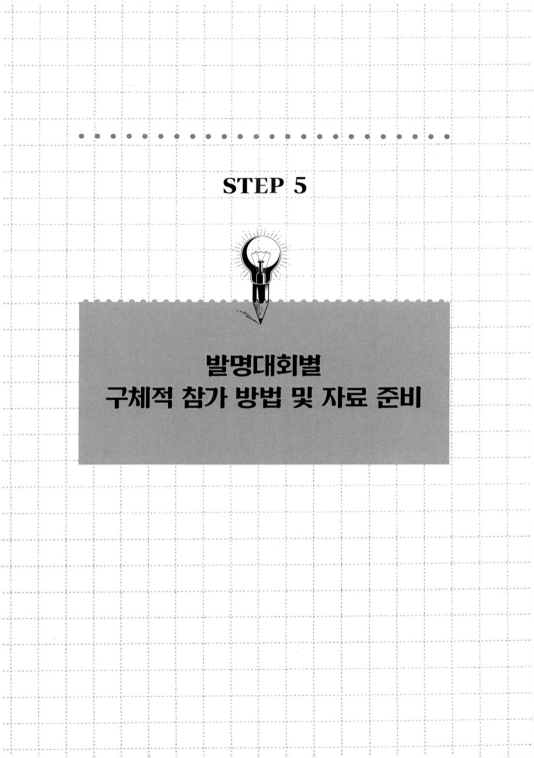

STEP 5

발명대회별
구체적 참가 방법 및 자료 준비

대한민국학생발명전시회
(학발전)

이제 학발전의 공고문의 주요 내용을 분석하고 구체적인 참가 방법을 확인해 보자. 학발전의 공고문은 매년 거의 유사하기 때문에 이 책의 출판 연도와는 관계없이 공고문의 분석 내용과 참가 방법은 계속 유효할 것이라 예상된다. 그럼에도 공고문이 약간씩 달라질 수 있으므로, 자신이 참여하는 연도의 공고문을 다운로드받아 전체 내용을 반드시 숙지하도록 하자. 여기서는 공고문의 전체 내용을 다루지 않고, 부모와 학생이 유념해야 할 내용을 위주로 작성했다. 공고문의 원본은 한국발명진흥원 홈페이지에서 확인할 수 있다.

신청·제출 방법

학발전은 발명 교육 포털 사이트(www.ip-edu.net)를 통해 온라인으로 신청한다(우편 접수는 불가하다). 발명 교육 포털사이트에서 학생전 배너의 클릭해 신청서를 작성·접수한다. 접수 기간 이후 연장 접수가 불가하며 접수 마감일 접속량 폭주로 서버 다운 등 문제가 발생할 수 있으니 미리 접수하는 것이 좋다.

출품 형태

발명품은 1인당 최대 다섯 개까지 출품이 가능하다. 1인당 다섯 작품을 초과해 출품한 경우, 출품 시간순으로 다섯 개 작품만 출품 인정한다. 공동 발명은 불가하며, 학교당 출품 건수의 제한은 없다. 만약 중복 수상 시 상위 상 한 개만 시상한다. 반드시 학생 본인의 발명, 고안, 창작한 작품이어야 하고, 본인 명의로 출원, 등록된 지식재산권(특허, 실용신안, 디자인 등)도 출품이 가능하다. 참고로 다음 사항에 해당하는 작품은 학발전에 출품할 수 없다.

- 국내 또는 국외에서 공지·공연 실시된 발명
- 출품자 본인의 발명이 아니라고 인정되는 발명
- 학생전 및 교원전에 출품된 적이 있거나, 타 기관이 주최한 발명 및 이와 유사한 대회에 출품이 되었거나, 출품을 한 발명
- 공공의 질서 또는 선량한 풍속을 문란하게 하거나, 공중의 위생을 해할 염려가 있는 발명
- 학생전 및 교원전 사업 목적 위배되거나, 대회 취지에 반하는 발명
- 기타 사회 통념상 정당하지 않게 출품된 발명

예선을 통과한 작품은 인터넷에 게시되고 전 국민을 상대로 위에서 언급했던 출품 자격을 만족하는지를 검증받는다. 즉, 인터넷에 게시된 발명품 중 베낀 작품이 있으면 누구나 신고할 수 있게 제도화해 놨다. 출품할 수 없는 작품에 해당하는 경우는 시상 후에도 상격을 취소할 수 있으며, 관련된 학생 및 청소년(지도교사 포함)는 5년간 출품 제한된다. 그래서 선행 기술 조사를 철저히 수행해야 한다.

심사 개요 및 절차

발명에 대한 지식과 경험이 풍부한 외부 전문가로 심사위원회 구성하고 심사한다. 이때 작품의 수준을 고려해 초등·중등·고등 학제를 구분해서 심사한다. 심사위원은 작품 설명서에 의한 서류 심사(예선 및 본선)와 동영상 작품 설명 및 현물 작품(본선)을 바탕으로 심사한다. 자세한 심사 절차는 다음과 같다.

① (예비 심사) 신청 요건에 위배되는 작품 심사 대상에서 제외
② (1차 유사작 심사) 유사작, 작품 수준 검토
③ (서류 심사) 창의성, 필요성, 실용성 심사, 우수작 1차 선정

여기까지를 예선으로 생각하면 된다. 예선을 통과하면 입상 가능성이 아주 높아진다.

④ (선행 기술 심사) 공지 기술에 대한 동일, 유사성 심사

⑤ (공중 심사) 일반인 대상 정보 제공 및 기술 분류

⑥ (작품(현물) 심사) 창의성, 경제성, 실용성, 완성도 심사(동영상 심사)

참가자는 동영상 심사를 위한 자료를 만들어야 한다. 동영상을 제작할 때는 작품 설명은 5분 이내로 한다. 또한 기존 작품과의 차별성과 개선점 등을 강조해 설명하고, 작품 내용을 잘 파악하고 있음을 보여 줘야 한다. 가점 사항(발명 탐구 일지, 선행 기술 조사 결과물) 해당 자료를 빠짐없이 제출해야 하는 것을 잊지 말자. 최근까지는 동영상과 가점 사항은 웹하드에 업로드하는 형태로 제출했다. 필요시 작품 설명 및 질의·응답에 대한 비대면 심사(또는 대면 심사) 진행한다. 이때 수상 후보작 및 추천 순위가 1차적으로 결정된다.

⑦ (심층 선행 기술 조사) 상위 수상 예정작에 대한 동일, 유사성 심층 심사

⑧ (2차 유사작 심사) 기존 유사대회 출품작 유사성 검토

⑨ (종합 심사) 수상 후보작에 대한 종합 논의를 통한 상격 결정

심사 배점

심사 구분	평가 항목	배점
서류 심사	창의성	50점
	실용성	30점
	필요성	20점
작품(현물) 심사	창의성	30점
	경제성	30점
	실용성	20점
	완성도	20점

평가 지표

각 항목별 평가 지표는 다음과 같다.

평가 항목	평가 지표
창의성	아이디어의 참신성, 창의성 문제에 아이디어의 계발 및 발전 정도
필요성	발명자에 의해 중요한 문제가 해결 발명품의 혜택으로 인한 일상생활의 개선
경제성	발명품의 산업상 이용 가능성 생산비 절감 및 대체 효과
실용성	일상생활에서의 실제적인 쓰임 다른 제품과 비교, 개선, 발전 재료 선택 및 안전한 사용
완성도	출품자의 수준에서 작품의 완성도 계획했던 과정 속에서의 문제 해결

가점 및 부여 기준

가점은 최대 3점 이내로 받을 수 있다. 작품(현물) 심사 시 아래에 해당하는 자료를 운영사무국에 제출하면 된다.

- 본인이 직접 작성한 발명품 제작 과정을 보여 주는 발명 탐구 일지(발명 노트) 최대 2점
- 본인이 직접 조사한 출품작에 대한 선행 기술 조사 결과물 최대 1점

기타 사항

서류 심사 및 선행 기술 심사 후 작품(현물) 심사 대상자를 통지하며, 작품(현물) 심사 대상자는 해당 심사일 전에 작품과 가점 대상 자료를 제출해야 한다. 발명품을 소개하는 설명서(전시 목적의 판넬 또는 프레젠테이션 파일)는 본인이 직접 제작해야 하며 규격 및 재료는 작품(현물) 심사 대상 통보 시 안내된다.

학발전 신청서 양식

아래 선청서는 내용 숙지를 위한 위한 것으로, 실제로 제출해야 할 양식은 아니다. 앞에서 설명했듯이 신청서는 온라인에서 직접 입력해야 한다.

① 신청인	회원ID*	
	신청구분*	본인(만14세이상)/본인(만14세미만)/법정대리인(학부모 등)/ 지도교사 등 제3자
	위임장*	※ 개인정보보호법 관련입니다. ☆ **14세 미만**(대회 접수작일 기준)의 신청인에 대해 법정 대리인(친권자 또는 후견인)이 대신 신청하는 경우 반드시 개인정보보호법 제38조(권리행사의 방법 및 절차)에 동의를 하여 합니다. ☆ 신청인의 담당지도교사 등이 대리 신청하는 경우 개인정보보호법 제17조 (개인정보의 제공)에 동의하여야 신청서를 작성하실 수 있습니다. **첨 부**
	법정대리인	성명, 법정생년월일, 성별
	성 명*	학생 성명 기재
	법정생년월일*	성 별*
	학 제*	학 년*
	학 교 명*	소재지역*
	발명교육센터*	
	발명대회 참여동기*	발명교육센터, 영재학급, 영재교육원, 발명동아리, 개인적 관심, 부모추천, 교사추천 기타
	집 주 소*	
	E-MAIL*	
	집 전 화*	휴대전화 *
② 지도교사	성 명*	이메일 *
	소 속*	휴대전화 *
③ 출품내용	**출품내용**	
	출 품 명*	(30자 이내, 특수문자 사용불가)
	출품의요지*	(100자 이내, 특수문자 사용불가)
	작품설명 및 도면	
	④ 발명의 명칭*	(30자 이내, 특수문자 사용불가)
	지식재산권 권리현황*	권리종류 : ◉ 없음 ◉ 특허 ◉ 실용신안 ◉ 디자인
	출원·등록번호	국내 출원 번호 ex) 10-2014-1234567 국내등록번호ex) 10-1234567
	⑤ 발명을 하게 된 동기 및 배경*	(500자 이내, 특수문자 사용불가)
	⑥ 발명의 내용 및 특징* (독창성, 실용성, 경제효과 포함)	(1500자 이내, 특수문자 사용불가)
	⑦용도 및 예상되는 효과*	(500자 이내, 특수문자 사용불가)
	⑧ 선행기술(유사특허)검색 및 기술동향분석 등*	(1000자 이내, 특수문자 사용불가)
	⑨ 1차 도면 또는 사진 첨부*	
	동의서약*	출품자가 직접 발명하고 제작하였으며, 대회 관련 규정을 준수함을 서약합니다. 위 사항이 거짓일 경우 입상 취소 및 향후 참가 제재, 민형사상 책임을 지는 것에 동의합니다. □

위와 같이 신청서를 제출합니다.

신 청 인 :   20oo년 00월 00일

한국발명진흥회장 귀하

위의 양식에서 가장 중요한 부분이 작품 설명 및 도면이다. 각 항목에 대한 구체적인 설명은 다음과 같다.

- 발명의 명칭(④번 항목, 30자 이내): 발명을 대표할 수 있는 문장으로 30자 이내로 작성한다.
- 지식재산권 권리 현황 / 출원·등록번호: 특허가 있으면 작성한다. 출원했거나 등록된 작품의 경우 반드시 권리를 선택하고 출원된 경우는 출원번호, 등록된 경우는 등록번호를 기재한다.
- 발명을 하게 된 동기 및 배경(⑤번 항목, 500자 이내): 작품을 만들게 된 계기를 상세하게 기재한다.

동기 및 배경 작성 전략
- 되도록 개조식으로 작성한다.
- 문장에 주어와 서술어가 포함되도록 작성한다.
- 문장을 너무 길게 작성하지 않는다. 문장이 길면 이해하기 힘들다.
- 문장 사이에는 '그래서, 그러므로, 따라서'와 같은 접속 부사를 사용한다.
- 마지막은 '따라서, ○○○ 문제(불편한 점)를(을) 해결하기 위해, ○○○(발명의 명칭)의 작품을 만들게 되었다.' 문장으로 마무리 한다.

- 발명의 내용 및 특징(⑥번 항목, 1,500자 이내): 학생이 처음 생각한 작품의 구체적인 내용, 특징, 작동 방법 설명, 핵심 기술 요소, 기존 제품과의 차별성 및 독창성, 실생활에 쓰여 지는 방법, 경제적인 가치, 바뀌어서 또는 새로 발견했거나, 만들어 좋아지는 점 등을 자세히 기재한다. 출원했거나 등록된 작품인 경우, 출원명세서 첨부를 금지한다. 출원명세서를 그대

로 첨부한 경우 학생의 생각이 아닌 변리사의 생각으로 간주
하기 때문이다.

발명의 내용 및 특징 작성 전략
- 발명품이 어떻게 구성되고, 각 구성품의 역할이 무엇인지를 설명한다.
- (개조식으로) 발명품의 작동 원리에 대해 설명한다. 학생이 사용자 입장에서 발명품을 사용하는 과정을 설명하면 된다.
- 발명품의 차별성과 독창성을 강조한다.
- 기본 설계 단계에서 수행했던 발명품 핵심 기능에 관련된 실험이나 시연 내용을 바탕으로 작성한다. 발명품의 핵심 기능이 어떻게 문제점(불편한 점)을 해결하는지 구체적으로 작성한다.
- 발명품이 진입할 수 있는 시장 규모를 조사한다. 이때 인터넷에서 조사한 자료를 바탕으로 구체적인 금액을 제시한다.

- 용도 및 예상되는 효과(⑦번 항목, 500자 이내): 작품의 쓰임새와 기존 제품보다 향상된 효과를 상세히 기재한다.

용도 및 예상 효과 작성 전략
- 기본 설계 단계에서 수행했던 발명품 핵심 기능에 관련된 실험이나 발명품 시연 단계 내용을 바탕으로 작성한다.
- 발명품을 통해 개선된 점을 구체적으로 작성한다.
- 효과에 관한 실험 데이터를 같이 기재한다.

- 선행 기술(유사 특허) 검색 및 기술 동향 분석 등(⑧번 항목, 1,000자 이내): 역대 수상 작품, KIPRIS, 구글 등에 접속해 출품하고자 하는 작품에 대한 선행 기술이 있는지 먼저 조사하고, 어

떤 키워드를 이용해서 조사했는지, 유사한 기술에 대한 동향
및 유사 기술과의 차별성, 독창성 기재한다.

- 1차 도면 및 사진 첨부(⑨번 항목, 2개까지 첨부 가능): 학생이 직접 그린 1차 도면(개념도)를 스캔해 첨부한다. 완성된 작품이 있는 경우, 사진으로 첨부 가능하다. 작품 없이 개념도만으로도 신청이 가능하다. 만약 작품(현물) 심사 대상자 선정되면 작품 사진을 재제출해야 한다. (결과 발표 후 상세 안내)

[부모의 역할]

인터넷 신청서를 온라인 상태에서 바로 작성해 제출하는 것은 비효율적이고 안전하지 않다. 만약 작성 도중에 컴퓨터 에러error라도 발생하면 작성했던 모든 자료가 날아가 버릴 수 있

다. 따라서 별도의 문서 작성 프로그램(한글, 워드, 메모장 등)로 내용을 작성·저장한 다음, 복사하기·붙여넣기로 인터넷 신청서를 채워 넣는 것이 좋다.

먼저 자녀에게 문서 작성 프로그램을 사용해 발명을 하게 된 동기 및 배경(⑤번 항목), 발명의 내용 및 특징(⑥번 항목), 용도 및 예상되는 효과(⑦번 항목)를 작성해 보라고 지도하자. 이때 글자 수에 대해서는 신경 쓰지 말라고 한다. 처음부터 글자 수 제한 조건을 말해 주면, 자녀들은 거기에 신경을 쓴 나머지 글 적는 진도가 나가지 않을 수 있다. 다만 작성된 글은 수시로 저장하라고 이야기해 두자. 만약 부모가 문서 작성 프로그램을 잘 다룬다면 자동 저장 기능을 미리 설정해 둔다. 자녀의 글 작성이 완성되면 부모는 문장의 길이가 적당한지, 주어와 서술어가 어울리는지, 접속 부사는 적절한지 등을 체크해 준다. 자녀가 작성한 내용이 충분히 이해할 수 있는 수준이 되었다고 판단되면 다음 단계로 넘어가서 글자 수와 맞춤법을 체크한다. 글자 수와 맞춤법은 문서 작성 프로그램의 자체 기능이나, 인터넷 사이트(취업 관련 사이트)를 활용하면 쉽게 체크할 수 있다. 최종 단계에는 자녀와 함께 발명의 명칭을 작성한다. 경험적으로 볼 때, 발명의 명칭은 제일 마지막에 작성하는 것이 더 효율적이다.

네이버에서 '글자 수'로 검색하면 관련 사이트로 접속할 수 있다

자료 출처: 네이버

    모든 글이 작성이 완료되면, 부모는 자녀를 대신해 인터넷으로 신청서를 작성한 후, 최종 제출한다. 제출 버튼을 누르기 전에 빠진 것이 없는지 꼼꼼히 체크하도록 하자.

전국학생과학발명품경진대회
(학발경)

이제 학발경에 대해서 알아보자. 학발경은 학발전과는 달리 지역 대회를 거쳐 본선으로 진출한다. 지역 대회는 지역 교육청 산하 발명 담당 교육기관에서 주관하기 때문에 대회 일정이나 심사 방식에서 지역마다 약간씩 차이가 있을 수 있다. 하지만 모든 지역 대회가 전국 학발경 참가를 목표로 운영되기 때문에 큰 틀에서 거의 유사하다. 참고로 이 책은 대전 지역 학발경을 중심으로 설명했다. 대회 진행 과정이나 작성 양식 등은 대전 교육과학연구원에서 작성한 공고문을 참조해 작성했다.

학발전은 온라인으로 직접 신청하지만, 학발경은 발명 담당 선생님을 통해 신청·접수한다. 따라서 지역 학발경 참가를 위한 공고문은 발명 담당 선생님이 학생에게 전달해 준다. 물론 공고문은 각 지역의 발명 담당 교육기관 홈페이지에 접속해 찾을 수도 있다. 학발경의 공고문은 학발전과 마찬가지로 매년 거의 유사하기 때문에 이 책의 출판 연도와는 관계없이 공고문의 분석 내용과 참가 방법은 계속 유효할 것이라 예상된다. 그럼에도 공고문이 약간씩 달라질 수 있으므로, 공고문의 전체 내용을 반드시 숙지하도록 하자. 여기서는 공고문의 전체 내용을 다루지 않고, 부모와 자녀가 유념해야 할 내용을 위주로 작성했다.

대회 과정 및 심사 절차

대전 지역 학발경은 1차, 2차, 3차로 구분해 진행된다. 대전 지역 학발경도 교내 학발경처럼 처음부터 발명품을 만들라고 요구하지 않는다. 처음에는 작품 제작 계획서만 제출받아 1차 심사한다. 1차 서류 심사를 통과한 작품에 한해서 발명품을 실제로 제작한다. 2차 심사는 선행 기술 조사(특허 검색 등)와 작품 진행 과정에 대해 심사한다. 2차 심사도 통과한 작품은 최종 발명품을 제출받아 3차 심사를 진행한다. 3차 심사는 서면 심사(작품 설명서와 작품 설명 동영상)와 대면 심사(작품 설명과 질의·응답)로 진행한다. 구체적인 대회 절차는 다음 표와 같다.

구분	내용	비고
1차 심사	1차 심사 대상자 인적 사항 입력	자료 집계 시스템 입력 (발명 담당 선생님)
	작품 제작 계획서 제출	제출 서류—작품 제작 계획서
	작품 제작 계획서 심사	서면 심사
	결과 발표	공문
2차 심사	특허 정보 검색	서면 심사
	작품 진행 과정 (대면 심사)	제출 서류—작품 추진 현황
	결과 발표	공문
3차 심사	3차 심사 대상자 인적 사항 입력	자료 집계 시스템 입력 (발명 담당 선생님)
	자료 제출	제출 서류—출품원서, 작품 설명서, 서약서
	작품 반입	반입품목 — 작품 설명표(차트) 1장(L120cm, H130cm), 발명 노트 1권(손 글씨), 최종 작품 및 중간 작품 (수량 제한 없음)
	대면 심사	개별 심사
	결과 발표	공문

출품 제한 작품

제출할 수 있는 발명품의 수는 정해진 것은 없으나, 일반적으로 1인당 1개의 작품을 출품한다. 다음 사항에 해당하는 작품은 학발경에 출품할 수 없다.

- 입상 여부에 관계없이 국내외에서 이미 공개되었거나 발표된 작품

※ 타 대회 중복 출전 불가, 본인의 특허·출원에 의한 공개는 제외
- 과학적 원리로 설명할 수 없는 작품
- 출품자가 직접 창안해 연구한 것이 아닌 작품
- 작품 전시 시 인체에 해로운 영향을 줄 수 있는 작품
※ 출품자가 직접 창안하고, 제작한 작품임을 입증 가능한 경우 특허 출원·등록된 작품도 출품 가능

발명품 규격

발명품은 가로 100㎝, 세로 90㎝, 높이 60㎝ 이내 이어야 하고, 외부 전원이 필요하다면 220VAC를 사용할 수 있다. 위 규격 이외의 작품, 또는 특수 시설이 필요한 작품은 작품 제작 전에 본원의 승인을 받아야 하며, 이에 필요한 부대시설은 출품자가 부담한다. 참고로 참가자는 직접 기록한 발명 일지(발명 노트)는 심사 과정에서 활용되므로 발명품과 함께 비치해야 한다.

1차 심사 방법 및 배점

- 심사 방법: 심사위원 개별 심사
- 심사 항목 및 배점

평가 항목	배점
창의성, 탐구성	50점
실용성	30점
경제성	20점
합계	100점

- 작품 제작 계획서 제출 편수의 40% 내외로 선정한다. (단, 60점 미만 작품은 탈락)

2차 심사 방법 및 배점

- 특허 정보 검사 심사: 특허 기술 정보 및 기존 발명품 전국 대회 유사작 검색
- 작품 진행 과정 심사: 대면 심사, 작품 설명(5분) 및 질의·응답(5분)
- 심사 항목 및 배점

구분	심사 항목	배점
특허 정보 검색 심사		참신·양호·중복
작품 진행 과정 심사	창의성, 탐구성	50점
	실용성	30점
	경제성	20점
합계		100점

- 작품 제작 계획서 제출 편수의 20% 내외로 선정한다. (단, 60점 미만 작품은 탈락)
- 특허 정보 검색 심사 결과 '중복'인 경우는, 작품 진행 과정 심사에서 기존 제품과 다른 핵심 원리나 해결 방안이 제시되어야 한다.

3차(최종) 심사 방법 및 배점

- 서류 심사: 작품 설명서 심사
- 대면 심사: 작품, 작품 설명 차트, 발명 일지 등, 출품자 발표 (5분) 및 질의응답(10분)
- 심사 항목 및 배점

구분	심사 항목	배점
서류 심사	창의성, 탐구성	15점
	실용성	10점
	경제성	5점
대면 심사	창의성, 탐구성	20점
	실용성	20점
	경제성	10점
	참여성 (노력도)	20점
합계		100점

엄마 아빠와 함께 학생발명대회 도전하기

평가 지표

구분	평가 지표
창의성, 탐구성	· 작품의 우수성과 함께 출품자 학력(초·중·고) 수준에서의 창의성·탐구성 반영 · 과학적 착상의 독창성(선행 연구 고찰·기록 및 검색전문위원 의견 참조) · 문제 해결을 위한 접근 방법 및 접근 과정에서의 창의성·탐구성
실용성	· 작품이 일상생활에서의 실제적 응용 정도 · 기존 작품 또는 제품과 비교해 개선·발전시킨 정도 · 작품이 일상생활에 기여할 것으로 기대되는 정도
경제성	· 작품 제작의 경비 절감 및 경제적 파급효과
참여성 (노력도)	· 작품의 제작과 출품 과정에 본인의 노력 및 직접 참여 정도(발명 일지 반영)
특허 정보 (참신)	· 발명품으로 가치가 있으며, 기존(대회, 특허, 시제품)에 동일 것이 없는 것
특허 정보 (양호)	· 발명품으로 가치가 있으며, 기존에 유사한 작품이 있지만, 원리나 해결 방안이 다른 경우
특허 정보 (중복)	· 발명품으로 가치가 있으며, 기존에 유사한 작품이 있지만, 원리나 해결 방안이 다른 경우

작품 설명서 작성하기

학발경은 학발전과는 달리 학생이나 부모가 직접 온라인 신청서를 제출하지 않는다. 대신 학발경은 오프라인에서 작품 설명서를 작성한 후, 발명 담당 선생님께 제출해야 한다. 작품 설명서의 양식과 내용은 매년 거의 변경 없으며, 본선에서도 동일한 내용을 요구하고 있다. 작품 설명서에서 작성해야 할 내용은 다음과 같다. 앞서 언급했듯이 작품 설명서에서 요구하는 내용은 지역마다 다를 수 있다.

- 제작 동기 및 목적
- 작품 설계를 위한 사전 조사
- 작품 내용(과학적 원리 포함)
- 제작 과정
- 전망 및 기대 효과
- 활용성
- 결론

각 항목별로 작성하는 방법에 대해서 구체적으로 살펴보자. 참고로 작품 설명서는 학발전과는 달리 글자 수의 제한을 두고 있지 않다.

- 제작 동기 및 목적: 작품을 만들게 된 동기와 목적을 상세하고 논리적으로 작성한다.

제작 동기 및 목적 작성 전략
- 되도록 개조식으로 작성한다.
- 문장에 주어와 서술어가 포함되도록 작성한다.
- 문장을 너무 길게 작성하지 않는다. 문장이 길면 이해하기 힘들다.
- 문장 사이에는 '그래서, 그러므로, 따라서'와 같은 접속 부사를 사용한다.
- 마지막은 '따라서, ○○○ 문제(불편한 점)을(를) 해결하기 위해, ○○○(발명의 명칭)의 작품을 만들게 되었다.' 문장으로 마무리 한다.

- 작품 설계를 위한 사전 조사: 역대 수상작품, KIPRIS, 구글 등에 접속해 출품하고자 하는 작품에 대한 선행 기술이 있는지 먼저 조사하고, 어떤 키워드를 이용해서 조사했는지, 유사한 기술에 대한 동향 및 유사 기술과의 차별성, 독창성을 기재한다.

사전 조사 작성 전략
- 선행 기술 조사 결과를 '표' 형태로 삽입해 정리한다.
- 역대 발명대회 수상작, KIPRIS, 구글 검색 순으로 작성한다.

- 작품 내용(과학적 원리 포함): 학생이 처음 생각한 작품의 구체적인 내용, 특징, 작동 방법 설명, 핵심 기술 요소, 기존 발명품(작품)과의 차별성 및 독창성, 실생활에 쓰여지는 방법, 경제적인 가치, 바꿔어서 또는 새로 발견했거나, 만들어 좋아지는 점 등을 자세히 작성한다.

- 작품에 적용된 과학원리 또는 창의적 아이디어를 설명한다.
- 발명품이 어떻게 구성되고, 각 구성품의 역할이 무엇는지를 설명한다.
- (개조식으로) 발명품의 작동 원리에 대해 설명한다. 학생이 사용자 입장에서 발명품을 사용하는 과정을 설명하면 된다.
- 발명품의 차별성과 독창성을 강조한다.
- 기본 설계 단계에서 수행했던 발명품 핵심 기능에 관련된 실험이나 시연 내용을 바탕으로 작성한다. 발명품의 핵심 기능이 어떻게 문제점(불편한 점)을 해결하는지 구체적으로 작성한다.

- 제작 과정: '1차 발명품 → 수정·보완 → 2차 발명품'으로 제작하는 과정을 자세히 설명한다.

제작 과정 작성 전략
- 제작 단계에서 수행했던 내용을 정리해 작성한다.
- 제작 과정을 찍어 놓았던 사진, 인터넷에서 재료 구매 과정, 도면(필요시), 회로도(필요시) 등을 포함시킨다.
- 1차·2차 발명품을 통해 발명품의 기능이 개선되었다는 것을 강조한다.

- 전망 및 기대 효과: 작품의 쓰임새와 기존 제품보다 향상된 효과를 상세히 설명한다(효과에 관한 실험 데이터를 같이 포함해 작성하는 것도 가능하다).

- 활용성: 발명품이 원래 목적 뿐만 아니라, (약간의 수정을 통해) 다른 용도로도 활용할 수 있음을 강조한다.

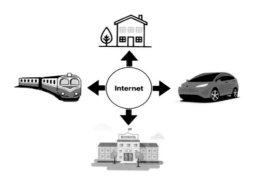

- 결론: 어떤 문제를 인식하고, 이를 해결하기 위해 작품을 발명했고, 이를 통해 문제를 해결할 수 있었다고 적는다.

[부모의 역할]

학발경의 '작품 설명서'는 부모와 학생이 직접 온라인으로 제출하지 않는다. 대부분 발명 담당 선생님에게 문서 작성 프로그램의 파일로 제출하라고 요구한다. 이때 문서 작성 프로그램은 정부 부처에서 주로 사용하고 있는 '한글' 프로그램을 사용해야 한다. 먼저 자녀에게 한글 프로그램을 사용해 작품 설명서의 각 항목에 대한 내용을 작성해 보도록 지도하자. 만약 부모가 한글 프로그램이 익숙하다면 자동 저장 기능을 미리 설정해 둔다. 학발전과는 달리, 학발경은 글자 수 제한이 없으므로 자녀에게 글자 수에 대해 신경 쓰지 말라고 말해 둔다. 자녀의 글 작성이 완성되면 부모는 문장의 길이가 적당한지, 주어와 서술어가 잘 어울리는지, 접속 부사는 적절한지 등을 체크한다. 그리고 작품 설명서를 읽어 보고 사진이 필요한 부분이 있으면 찍어 둔 발명 관련 사진을 선별해 삽입하자. 작품 설명서에 사진을 삽입하면 심사위원의 작품 설명서에 대한 이해도를 높여 줄 수 있다. 자녀가 작성한 내용이 충분히 이해할 수 있는 수준이 되었다고 판단되면 다음 단계로 맞춤법을 체크한다. 맞춤법은 문서 작성 프로그램의 자체 기능이나, 인터넷 사이트(취업 관련 사이트)를 활용하면 쉽게 체크할 수 있다. 마지막 단계는 자녀와 함께 발명의 명칭을 작성한다. 경험적으로 볼 때, 발명의 명칭은 제일 마지막에 작성하는 것이 더 효율적이다. 최종적으로는 작품 설명서가 양식대로 작성되었는지 확인한다. 작품 설명서가 양식대로 작성되지 않으면 가독성이 떨어진다. 만약 부모가 한글 프로그램이 서투르면 발명 담당 선생님이나 주변 지인들에게 도움을 요청한다.

▸ 용지여백: 좌·우 20mm, 위·아래 15mm, 머리말·꼬리말 10mm
▸ 줄 간격 : 160%, 자간 0, 장평 100, 페이지 번호: 중앙 하단
▸ 글꼴 크기 및 순서

1. → 15포인트 휴먼명조(진하게)
가. → 14포인트 휴먼명조, 들여쓰기 2
1) → 13포인트 휴먼명조, 들여쓰기 4
가) → 12포인트 휴먼명조, 들여쓰기 6
(1) → 11포인트 휴먼명조, 들여쓰기 8
(가) → 11포인트 휴먼명조, 들여쓰기 8
※ 기타 이외의 글씨(휴먼명조체)는 적당한 크기로 작성
본문내용 : 11포인트 휴먼명조로 작성

작품 설명서 양식
자료 출처: 대전교육과학연구원

STEP 6

발표용 파워포인트
만들기

예선을 통과한 참가자의 경우, 온라인 제출 문서(학발전)나 작품 설명서(학발경)보다 발표용 파워포인트 자료가 더 중요하다. 심사위원은 시간이 촉박하기 때문에 최대한 짧은 시간 내에 발명품의 핵심 내용을 파악하길 원한다. 온라인 제출문서나 작품 설명서는 글자 수가 많기 때문에 심사위원이 꼼꼼히 읽기 위해서는 많은 시간이 필요하다. 따라서 심사위원은 문서를 읽는 대신 참가자가 파워포인트 자료로 발표하는 핵심 내용을 듣고 최종 상격을 결정할 가능성이 높다. 발표용 파워포인트 자료는 대면 심사 시 필요한 가장 중요한 문서 자료이므로 절대 대충 만들어서 제출하면 안 된다.

대한민국학생발명전시회
(학발전)

학발전의 파워포인트 자료는 개인의 선택에 따라 한 개, 혹은 두 개가 필요하다. 학발전이 공지한 양식에 따라 한 장의 발표 자료(파워포인트)는 반드시 제출해야 한다. 이것은 심사위원의 빠른 평가를 위해 온라인 제출 문서를 한 장으로 요약한 문서라고 생각하면 된다. 앞에서도 설명했듯이 참가자는 작품 설명 동영상을 제작해 제출해야 한다. 이때 학발전 양식대로 작성된 한 장짜리 파워포인트를 사용해서 발표해도 상관없다. 이럴 경우에는 추가로 파워포인트를 만들 필요는 없다. 하지만 조금 더 효과적으로 발표를 하려면 작품 설명 동영상 제작용 파워포인트를 별도로 만들 수 있다. 별도로 제작한 파워포인트 파일은 학발전에 제출할 필요는 없다. 또한 한 장이 아닌 여러 장으로 만들 수 있기 때문에 자신의 발명품을 더욱 자세하게 설명할 수 있다.

먼저 학발전 요구 양식인 한 장짜리 발표 자료를 살펴보자. 한 장짜리 발표 자료는 참가할 때 제출했던 온라인 문서를 요약해 작성하면 되므로 새로운 내용을 추가할 것은 없다. 하지만 양식이 정해져 있고 글자크기, 글자 수, 장 수의 제한이 있기 때문에 자유도가 떨어진다. 발표 자료가 한 장이라 할지라도 심사에 크게 영향을 미치기 때문에 심사위원이 빠르게 이해할 수 있도록 짧은 문장으로 핵심 내용만 간추려서 적어야 한다. 또한 발명품을 잘 나타낼 수 있는 사진도 같이 삽입하는 것이 좋다.

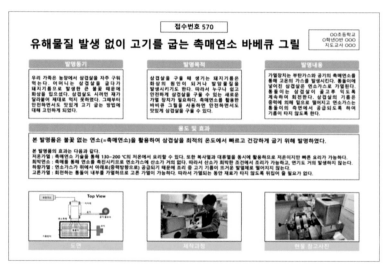

학발전 양식에 따라 작성된 파워포인트 발표 자료(1장)

엄마 아빠와 함께 학생발명대회 도전하기

다음으로 작품 설명 동영상 제작에 사용할 파워포인트에 대해서 알아보자. 앞서 설명했듯이 동영상 제작용 파워포인트는 학발전에서 공식적으로 요구하는 자료가 아니므로 특별한 양식은 없다. 다만 발표 자료가 영상으로 찍히는 만큼 전략적으로 파워포인트를 만들어야 한다. 구체적인 내용은 다음과 같다.

- 슬라이드의 글자 폰트 크기를 크게 한다. 일반적으로 학발전에 제출하는 동영상은 한 화면에 발표자와 발표 자료가 모두 들어오도록 촬영한다. 만약 발표 자료가 너무 많은 화면을 차지하면 발표자가 보이지 않고, 반대로 발표자가 너무 많은 화면을 차지하면 발표 자료가 보이지 않는다. 경험상으로 발표 자료 화면과 발표자는 7 대 3 정도를 차지하는 것이 이상적이다. 따라서 심사위원이 실제로 보게 되는 발표 자료는 전체 화면에서 70% 수준이다. 만약 슬라이드에서 12포인트 수준의 글꼴 폰트(MS 파워포인트 기준)을 사용했다면, 동영상 촬영본에서는 8~9포인트 수준으로 밖에 보이지 않는다. 심사위원이 아무리 눈이 좋다 하더라도 화질이 떨어진 상태에서 8~9포인트 수준의 글자는 읽기가 쉽지 않다. 따라서 슬라이드를 작성할 때, 모든 글자는 20포인트 수준 이상의 글꼴 폰트를 사용할 것을 추천한다.
- 발표 자료를 최대한 단순하게 만든다. 사실 발표자 중심으로

생각한다면 슬라이드에 최대한 많은 내용을 채우는 것이 유리하다. 왜냐하면 발표 자료에 내용이 많을수록 발표자는 편안한 마음으로 슬라이드를 보면서 그냥 읽어 내려갈 수 있기 때문이다. 하지만 청중 입장(= 심사위원)에서 그런 발표를 들으면 불편해진다는 데 문제가 있다. 발표 자료의 내용이 너무 빽빽하게 작성되면 한꺼번에 많은 정보가 노출되어 심사위원의 집중도가 떨어진다. 집중도가 떨어지면 슬라이드 내용을 쉽게 이해할 수 없어 금방 지루해진다. 따라서 발표에 능한 사람일수록 청중을 생각해 발표 자료를 최대한 간단하게 만들려고 노력한다. 예를 들어 발표의 정석이라 불리우는 스티브 잡스(애플 창업자)의 발표 자료를 보면 단순히 그림만 있을 뿐, 설명을 위한 글자가 거의 없다. 따라서 발표자는 내용을 압축하고 정제해 슬라이드에 간결하게 표현해야 한다. 간결하게 작성된 발표 자료를 아무런 설명 없이 보면 쉽게 이해가 되지 않을 수 있다. 하지만 만약 발표자의 설명과 함께 슬라이드를 보면 발표에 대한 집중도와 내용에 대한 이해도가 동시에 향상될 수 있다.

발표의 달인 스티브 잡스
간결한 발표 자료를 사용해 청중의 집중도를 높였다
자료 출처: Tom Coates

- 각 슬라이드마다 그 슬라이드에서 가장 중요한 내용을 한 문장으로 적어 놓는다. 나중에 다시 설명하겠지만, 발명대회에서 높은 점수를 획득하기 위해서는 발표자의 전달 능력이 좋아야 한다. 하지만 학교에서 주로 수업만 듣는 학생에게 뛰어난 수준의 전달 능력을 기대하는 것은 무리다. 보통 발표자가 학생일 경우, 미리 준비해 둔 대본을 외워서 발표하는 방법을 선택한다. 하지만 심사위원 입장에서 보면 외워서 발표하는 모습이 다소 부자연스럽게 느껴질 수 있다. 따라서 발표가 익숙하지 않은 학생이라 할지라도, 발표자는 대본 없이 심사위원에게 이야기를 들려주듯이 내용을 전달해야 한다. 그러기 위해 발표자는 슬라이드를 이야기 흐름에 맞게 작성하

고, 슬라이드의 한 영역에는 이야기의 핵심적인 내용을 짧은 문장으로 적어 두는 것이 좋다. 심사위원은 각 슬라이드마다 적혀 있는 핵심 문장을 읽고 슬라이드의 내용을 빠르게 파악할 수 있다. 또한 발표자는 자연스러운 시선 처리(슬라이드와 심사위원의 눈을 번갈아 보다가)를 통해 이야기의 흐름을 놓치지 않고 이어 갈 수 있다.

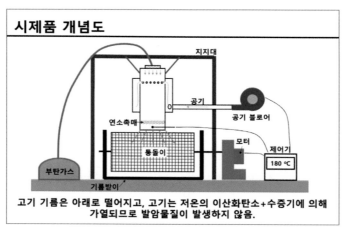

슬라이드는 간결하게 작성하되, 핵심적인 문장을 적어 놓는다
글꼴 폰트 크기는 20 이상으로 설정

전국학생과학발명품경진대회
(학발경)

학발경의 파워포인트 자료는 학발경이 요구하는 양식에 따라 한 개만 작성하면 된다. 대회에서 이 자료는 '작품 설명 차트'라고 부르고 있다(지역마다 무르는 명칭이 상이할 수 있으니 유의하기 바란다). 작성된 파워포인트는 심사위원의 빠른 평가를 위해 작품 설명서를 한 장으로 요약한 자료라고 생각하면 된다.

학발전과는 달리 학발경은 최대한 학생들과 직접 대면해 심사하려고 노력한다. 코로나19 사태로 인해 발표 동영상을 만들어서 제출했음에도 불구하고, 최종적으로는 대면 심사를 수행했다(이 역시 지역마다 다를 수 있다). 그런 만큼 학발경은 학생의 발표 능력도 중요한 심사 대상으로 판단하고 있다. 따라서 파워포인트 자료(작품 설명 차트)도 현장 발표를 고려해서 작성해야 한다.

작품 설명 차트의 슬라이드 크기는 A0 정도다. 학생들은 대체적으로 A4 크기의 슬라이드를 주로 사용하지만, 석·박사 학위를 가진 연구자들은 A0 크기의 슬라이드도 자주 사용한다. 학발경이 요구하는 발표 자료의 크기만 보더라도 대면 심사의 방식을 쉽게 유추할 수 있다.

일반적으로 국내외 연구자들은 자신의 연구 결과를 세상에 알리고, 그 결과를 다른 연구자와 토의하기 위해 학회conference에 참석한다. 학회 발표자는 자신의 연구 결과를 구두oral 형태로 발표할 것인지, 포스터poster 형태로 발표할 것인지 선택한다. 구두 형태의 발표는 A4 크기의 슬라이드 수십 장을 사용해 청중 앞에서 발표한다. 이러한 발표 형태는 자신의 연구 결과를 자세하게 설명할 수 있다는 장점이 있으나, 발표를 듣고 질문하는 데 많은 시간이 필요해 발표자 수가 제한된다는 단점이 있다. 학회에서는 구두 형태의 발표의 한계를 극복하기 위해 포스터 섹션도 동시에 운영하고 있다. 포스터 형태의 발표는 연구자가 자신의 연구 결과를 A0 크기의 슬라이드 한 장에 요약 정리해 벽에 게시한 후, 자신의 연구에 관심 있어 하는 연구자들과 만나면서 대화하는 방식이다. 따라서 발표자는 자신의 포스터 앞에 서 있어야 하고, 다가오는 연구자에게 설명을 해주거나, 질문에 답을 한다. 이러한 포스터 형태의 발표는 학회 참석자에게 많은 양의 연구 결과를 빠르게 소개할 수 있다는 장점이 있다. 학발경의 작품 설명 차트는 연구자들이 국내외 학회에서 포스트 발표할 때 할당받는 슬라이드 크기와 유사하다. 이러한 크기의 발표 자료를 요구하는 자체가 시간 절약을 위해 포스터 발표 형태로 발명품에 대해 설명을 듣고 심사하겠다는 의지가 엿보인다. 따라서 자료를 짧은 시간 내에 많은 양의 발명품을 평가해야 하는 심사위원을 위해 발표 자료도 전략적으로 작성해야 한다. 구체적인 작성 전략은 다음과 같다.

국내외 학회의 포스터 섹션
학발경의 대면 심사는 포스터 형태의 발표와 유사하다

- 학발경에서 요구하는 양식에 따라 글꼴, 문단 모양, 폰트 크기를 최대한 준수해 작성한다. 만약 가독성을 높일 수만 있다

면 학발경의 요구 양식을 약간 벗어나도 상관없다. 예를 들어 학발경에서 20 수준의 폰트 크기를 요구했는데, 발표자가 21 수준의 폰트 크기를 사용했다 하더라도 인간의 눈으로 그것을 분간해 내는 것이 어렵다. 따라서 강조해야 할 내용이 있다면 가독성 향상을 위해 글자 크기를 키우자.

- 1장짜리 작품 설명 차트라 할지라도 심사에 크게 영향을 미치기 때문에 심사위원이 빠르게 이해할 수 있도록 짧은 문장으로 핵심 내용만 간추려서 적어야 한다. 이러한 작성 방식을 흔히 '개조식'이라고 말한다. 예를 들어 기업의 경우, 직장 상사에게 보고할 때는 듣는 사람의 빠른 이해를 위해 보고서의 문장을 1줄, 내용을 1장 이하로 작성한다. 발표 자료도 마찬가지다. 발표 자료 내의 모든 문장은 절대 서술식으로 길게 작성하지 않아야 한다. 일단 심사위원 눈에 읽기 불편하면, 심사위원은 더 이상 이해하려 노력하지 않는다.

- 작품 설명 차트에 표나 사진을 충분히 삽입한다. 비록 A0 크기라 할지라도, 이것저것 내용을 채우다 보면 슬라이드의 공간이 모자랄 수 있다. 이럴 경우, 표나 사진을 삽입하면 공간의 효율성과 내용의 이해도가 좋아진다. 또한 그래프를 사용해 발명품의 성능을 보여 주고 효과를 강조한다.

자외선으로 마스크를 소독할 수 있는 모자와 꼭지가 달린 마스크

1. 제작동기 및 목적

가. 작품 제작 동기

- 코로나-19로 마스크를 착용하고 생활해야 함.
- 잘못된 방식으로 마스크를 벗거나 보관하면 마스크가 바이러스에 오염됨.
- 마스크를 벗을 때 바이러스 오염을 방지하고 마스크를 보관할 때도 마스크를 소독하는 방법이 있다면, 코로나-19 사태 해결에 도움이 될 것으로 생각함.

일반적인 마스크 보관 형태

①턱에 걸침 ②한쪽 귀에 걸침 ③목걸이를 이용 ④테이블 위에 벗어 놓음

나. 제작 목적

- 마스크를 청결하게 관리하기 위해서는 ①마스크를 안전하게 보관하는 방법과 ②마스크를 안전하게 벗을 수 있는 구조가 모두 개선되어야 함.
- 따라서 본 발명은 마스크를 보관하는 동안 소독할 수 있는 장치와 마스크를 안전하게 벗을 수 있는 구조를 제시하고자 함.

보관 중 마스크를 소독할 수 있는 장치 / 마스크를 안전하게 벗을 수 있는 구조

2. 작품 내용

- 자외선으로 마스크를 소독할 수 있는 장치를 모자 전면에 설치한 후, 필요할 때마다 마스크를 자외선 소독장치로 옮겨서 수시로 마스크를 소독할 수 있게 만듦.
- 이때 손에 의한 마스크 오염을 최소화하기 위하여 마스크 전면에 손잡이용 꼭지를 설치하였고, 자석을 이용하여 마스크가 원활하게 회전할 수 있게 만들었음.

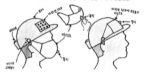

가. 제작 과정

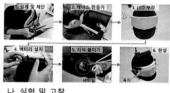

1. 설계 및 재단 2. 케이스 만들기 3. LED 부착
4. 배터리 설치 5. 자석 붙이기 6. 완성

나. 실험 및 고찰

마스크 보관

마스크 착용 마스크를 잡아당김 모자로 이동

꼭지가 달린 마스크는 모자에 붙은 자석 세트를 중심으로 쉽게 회전함.

마스크 소독

마스크 보관 마스크 소독(전면) 마스크 소독(열면)

모자 전면에 있는 자외선 LED로 마스크를 소독

기타 실험

최적의 꼭지 위치 자석 위치 자외선 제어

꼭지 사용으로 마스크가 깨끗해지고, 마스크 쓰고 벗는게 편하며, 자외선 강도가 세어짐.

3. 기대효과 및 활용성

- 구조 및 사용방법이 간단하므로 남녀노소 누구나 쉽게 활용할 수 있음.
- 수시로 마스크를 소독할 수 있고, 손에 의한 마스크 오염을 감소시킬 수 있으므로 코로나 확산을 효과적으로 막아줄 수 있음.
- 마스크를 오랫동안 쓰고 있으면 마스크 장력에 의해 귀가 아플 수 있으나, 본 발명품의 경우 마스크 끈이 모자에 붙은 자석에 의해 지향하므로 귀가 아프지 않음.

A0 크기로 작성된 작품 설명 차트
심사위원이 빠르게 이해할 수 있도록 작성한다

STEP 7

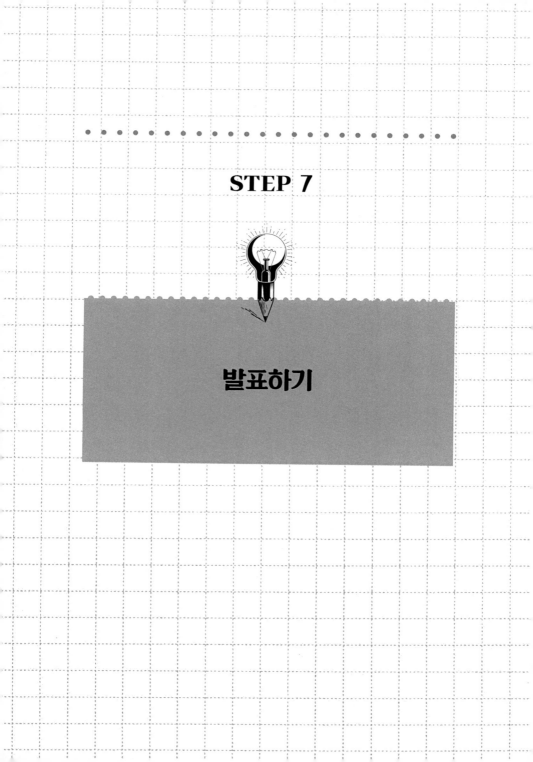

발표하기

대한민국학생발명전시회
(학발전)

최근까지 학발전은 학생들이 심사위원 앞에서 직접 발표하는 것을 요구하지 않았다. 그 대신 참가자가 발명품을 설명하는 영상을 직접 촬영해 제출하도록 요구했다. 이러한 분위기는 코로나19 사태 이후로 더욱 굳혀지고 있다. 심사위원은 발표 동영상을 보고 발명품을 심사하고, 필요시 화상회의를 통해 발표자와 질의응답 시간을 갖는다. 따라서 학발전은 '발표'가 곧 '동영상 촬영'이다. 참고로 제출한 발명품이 입상 이상의 상격을 받는다면, 제출했던 동영상은 발명대회 홈페이지나 유튜브에 게시된다. 학발전에 제출하는 동영상은 학생들의 중요한 발자취가 될 수 있으므로 신중하게 만들어야 한다. 발표 자료 동영상을 제작하는 노하우는 다음과 같다.

최근 학발전은 동영상 촬영을 요구하고 있다

- 발표 동영상은 크게 1부와 2부로 구성한다. 1부는 발표 자료를 활용한 발명품 설명이고, 2부는 발명품의 시연이다. 가능하다면 발표 동영상은 추가적인 동영상 편집 작업이 없도록 한 번에 촬영(원테이크 촬영)하도록 한다. 하지만 발명품 시연 장소가 다를 경우, 두 번으로 나눠 촬영한 후 하나의 동영상 파일로 편집한다.

- 촬영할 때는 반드시 삼각대를 사용해 촬영 중 카메라가 흔들리지 않도록 한다. 카메라는 발표 자료 화면과 발표자를 한 화면에 모두 비춰지도록 위치 시킨다. 이때 발표 자료와 발표자는 7 대 3 정도의 공간을 차지하는 것이 이상적이며, 발표

자는 상반신 정도만 나오도록 한다. 발표자가 오른손잡이라면 발표자는 발표 자료 화면의 오른쪽에, 왼손잡이라면 발표 자료 화면의 왼쪽에 위치한다. 이것은 발표자가 손으로 발표 화면을 가리킬 때 발표자의 몸이 발표 자료 화면을 가리지 않게 하기 위함이다.

- 촬영된 동영상을 보게 되면 발표자의 목소리가 너무 작게 느껴지는 경우가 있다. 이것은 발표자와 카메라의 거리가 멀기 때문이다. 따라서 발표자는 최대한 자신 있고 큰 목소리로 발표를 해야 한다. 필요하다면 카메라와 연결될 수 있는 별도의 마이크를 사용하는 것도 추천한다. 촬영 장소에 따라 녹음된 음성이 울리거나 다양한 잡음이 포함될 수 있으니 유의한다.

- 평소보다 높은 톤의 목소리로 발표한다. 높은 톤의 목소리는 발표자의 자신감을 보여 주고, 심사위원의 집중도 이끌 수 있기 때문이다.

- 발표 자료는 크게 모니터, TV, 빔프로젝터의 출력 장치를 통해 보여 줄 수 있는데, 화면 크기와 화질을 고려한다면 TV를 선택하는 것이 좋다. 모니터는 화면 크기가 작아 발표 자료에 존재하는 글자를 읽기가 불편하고, 빔프로젝터는 화면이 너무 크고 밝은 빛 때문에 카메라로 화면을 찍으면 색 번짐이 있을 수 있다.

- 발표자는 발표 자료에 대한 대본을 미리 작성해 숙지하되, 달달 외우지 않도록 한다. 대본은 해당 슬라이드에서 반드시 말해야 하는 내용 위주로 간단히 작성한다. 그것도 힘들다면 대본 작성을 생략해도 상관없다. 이미 말했듯이, 중요한 문장은 이미 발표 자료에 적혀 있기 때문이다.
- 발표자는 발표 자료와 카메라를 번갈아 보면서 발표한다. 발표 슬라이드에서 무엇을 말해야 하는지 빠르게 파악한 후 카메라를 응시하며 발표한다. 발표할 때는 딱딱한 느낌보다는 자연스런 느낌으로 이야기하듯이 말한다. 전문가가 아닌 이상, 한 번 만에 자연스러운 발표를 할 수 없다. 따라서 발표자는 여러 번의 발표 연습이 필요하다.
- 발표할 때 발표자의 팔 상태도 중요하다. 발표자가 동일한 자세로 발표하면 너무 어색하고 딱딱해 보여서 심사위원의 집중도가 떨어진다. 따라서 발표할 때 팔을 자연스럽게 움직이는 연습이 필요하다. 가장 추천하는 방법은 발표 슬라이드를 볼 때마다 손으로 발표자가 보는 부분을 가리키는 것이다. 발표자의 팔 동작으로 인해 심사위원의 시선이 발표 슬라이드로 이어질 수 있으며, 심사위원의 집중도도 증가될 수 있다.
- 발명품을 시연할 때는 발명품의 작동 과정이 화면에 잘 보이도록 해야 한다. 이를 위해 발표자가 발명품을 들고 카메라

근처로 이동하거나, 반대로 카메라 위치를 변경시킨다. 발표자는 발명품을 시연하면서 작동 과정을 설명한다. 촬영할 때는 혼자서 촬영하지 말고 되도록 주변의 도움을 받도록 하자.

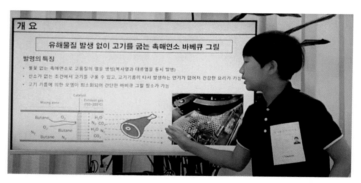

카메라 촬영 시, 70%는 발표 자료, 30%는 발표자가 화면을 차지하도록 한다.
발표자는 슬라이드의 오른쪽에 위치시키고(오른손잡이 경우)
상반신만 보이도록 한다. 발표자는 발표 자료와 카메라를
번갈아 가며 응시하며, 발표 자료를 볼 때는 화면을 가리킨다.

[부모의 역할]

한마디로 정의하자면, 부모는 방송국 PD가 되어야 한다. 주인공은 자녀이지만, 부모가 연출을 잘해 줘야 한다. 카메라 셋팅부터 발표자의 팔 동작까지 꼼꼼히 신경 써 줘야 한다. 특히 심사위원의 입장에서 촬영된 동영상이 쉽게 이해될 수 있는지를 체크해 준다. 만약 화면에 비춰지는 글자 크기가 작아 가독

성이 떨어지거나, 자녀의 목소리가 작아 발표 내용을 이해할 수 없다면 적절한 해결책을 제시해 주자.

발표를 동영상으로 제출하면 좋은 점은 여러 번 촬영해 좋은 것을 선택할 수 있다는 것이다. 자녀가 충분히 발표를 잘할 수 있을 때까지 반복 연습시키자. 부모가 자녀와 같이 촬영된 동영상을 리뷰하는 것도 추천한다. 발표자의 어떤 부분이 어색한지, 어떻게 말해야 호소력이 있는지 등을 체크해 준다.

전국학생과학발명품경진대회
(학발경)

대면 심사는 상격을 결정하는 아주 중요한 심사 과정이다. 참가자는 작품 설명 차트와 발명품이 놓여 있는 부스 앞에서 대기하다가 심사위원이 도착하면 발표를 시작한다. 심사위원이 참가자와 만나자마자 첫 번째로 요구하는 것은 발명품에 대한 설명이다(다시 한번 말하지만, 심사위원은 시간이 없다). 참가자는 보통 5분 정도 분량으로 발표를 해야 한다. 만약 심사위원의 요청에 따라 3분 혹은 1분 안에 발표를 끝내야 하는 경우도 있다. 그때마다 상황이 바뀔 수 있으므로, 참가자는 모든 상황에 대비해야 한다. 이 때문에 참가자는 대본을 달달 외워서 발표하면 안 된다. 외워서 발표하면 시간 조정이 힘들고 딱딱해 보일 수도 있다. 참가자는 작품 설명 시 단순히 암기한 내용을 심사위원에게 전달하는 것을 지양하고, 본인이 작품 내용을 정확히 이해하고 있음을 보여 주어야 한다. 참가자는 탐구(연구) 동기 및 목적에 대한 설명은 간략하게 하고, 어떤 점에서 창의성이 있는지, 장점과 기대 효과가 무엇인지를 강조하며 설명한다. 기본적인 발표 방법은 학발전과 유사하다. 구체적인 학발경의 발표 노하우는 다음과 같다.

- 참가자는 평소보다 높은 톤으로 최대한 자신 있고 큰 목소리로 발표한다.
- 다른 참가자의 발표에는 신경 쓰지 않는다. 다른 사람을 신경 쓰다 보면 자신의 발표를 망칠 수 있다.
- 발표를 기다리는 동안 '여기서 내 발명품이 최고'라 생각한다. 자신감이 있어야 높은 톤의 큰 목소리가 나온다.
- 참가자는 작품 설명 차트와 심사위원을 번갈아 보면서 발표한다. 작품 설명 차트에서 무엇을 말해야 하는지 빠르게 파악한 후 심사위원을 응시하며 발표한다. 발표할 때는 딱딱한 느낌보다는 자연스런 느낌으로 이야기하듯이 말한다. 전문가가 아닌 이상, 한 번 만에 자연스러운 발표를 할 수 없다. 따라서 참가자는 여러 번의 발표 연습이 필요하다.
- 발표할 때 참가자의 팔 상태도 중요하다. 참가자가 동일한 자세로 발표하면 너무 어색하고 딱딱해 보여서 심사위원의 집중도가 떨어진다. 따라서 발표할 때 팔을 자연스럽게 움직

엄마 아빠와 함께 학생발명대회 도전하기

이는 연습이 필요하다. 가장 추천하는 방법은 작품 설명 차트를 볼 때마다 손으로 참가자가 보는 부분을 가리키는 것이다. 참가자의 팔 동작으로 인해 심사위원의 시선이 작품 설명 차트로 이어질 수 있으며, 심사위원의 집중도도 증가할 수 있다.

- 만약 심사위원이 작품 시연을 요청하면 당황하지말고 천천히 발명품을 작동시켜 보여 준다. 참가자가 당황하면 작동이 발명품의 시연이 제대로 안 될 수 있다. 그래서 참가자는 발명품 시연도 여러 번 연습해야 한다.

[부모의 역할]

학발전의 경우, 부모가 PD 역할에 가까웠다면, 학발경은 심사위원의 역할에 가깝다. 학발전의 동영상 촬영처럼 여러 번 발표를 할 수 없으니, 최대한 실전 상황처럼 연습해야 한다. 부모는 엄격하고 냉정한 심사위원처럼 행동하자. 즉, 자녀에게 직접 차트와 발명품을 준비하라고 시키고, 그 앞에서 대기하라고 이야기 한다. 부모는 잠시 기다렸다가 갑자기 자녀 앞에 나타나면서 발표와 발명품 시연을 시켜 보자. 자녀가 당황하지 않고 발표를 제대로 할 때까지 반복한다. 어느 정도 수준이 올라왔다고 생각되면, 부모 이외에 다른 사람에게 심사위원 역할을 맡겨보자. 자녀도 모르는 제3자가 나타났을 때 당황하지 않고 발표를 하는지 체크하자. 또한 제3자에게는 자녀가 발표한 내용을 100% 이해할 수 있는지를 확인하자.

심사위원 질문에 대답하기

아무리 발명 아이디어가 뛰어나고 발명품을 멋지게 만들었다고 하더라도 심사위원의 질문에 제대로 대답하지 않으면 좋은 점수를 받기 힘들다. 학발전과 학발경은 질의응답의 방법에서 차이가 있지만, 반드시 심사위원과 참가자가 직접 대면해 질의응답 하는 시간을 갖게 된다. 그만큼 심사위원은 학생이 발명대회를 직접 준비했는지를 확인하고 싶어한다.

참가자가 질문에 답하는 것도 중요한 기술이다. 예상 질문을 미리 작성해 대답을 연습해 보도록 하자. 아래는 심사위원이 일반적으로 물어보는 질문들이다.

- 발명품을 만든 목적이 무엇인가?
- 발명품의 과학적 원리가 무엇인가?

- 발명품의 핵심 아이디어가 무엇인가?
- 발명품은 실생활에서 어떻게 사용할 수 있는가?
- 발명품의 장점이 무엇인가? 그리고 단점은 무엇인가?
- 발명품의 기대 효과는 무엇인가?
- 발명품은 누가 만들었는가? 참가자는 어떤 역할을 했는가?
- 발명품을 만들었을 때, 가장 어려웠던 점은 무엇인가?
- 발명 노트는 어떻게 작성했는가?

학생들이 심사위원 앞에 서게 되면 긴장을 하기 때문에 머릿속의 내용을 정리해 대답하는 것이 힘들다. 결국 질의응답 능력을 향상시키는 가장 효과적인 방법은 반복 연습이다. 자신있는 목소리로 자신의 생각을 상대방에게 정확하게 전달할 수 있도록 연습하고 또 연습하자. 심사위원 질문에 대답하는 구체적인 노하우는 다음과 같다.

- 심사위원의 질문이 길 수 있기 때문에 필기 도구를 준비하자. 심사위원의 질문을 듣는 동안 질문을 요약해 메모해 둔다. 참가자가 심사위원의 질문을 메모하는 모습은 '참가자가 내 질문에 집중하고 있구나!'라는 생각을 들게 만든다.
- 심사위원 질문의 마지막 문장을 기억해 두었다가 대답의 제일 첫 문장으로 사용한다. 예를 들어 심사위원이 "발명품을

만든 목적이 무엇인가요?"라고 물어보면, "제가 발명품을 만든 목적은 ~입니다."라고 답한다.

- 대답은 최대한 짧게 한다. 대답이 길어지면 전달하는 내용이 너무 많아져서 심사위원이 원하는 답을 찾기 힘들 수 있다. 또한 심사위원은 시간이 없기 때문에 대답이 길면 집중도가 떨어지기 시작한다.

- 만약 한 문장으로 답을 할 수 없다면 "첫째는~, 둘째는~, 셋째는~"과 같이 숫자를 세어 가며 답을 한다. 즉, 질문에 대한 답도 개조식으로 하는 것이 좋다.

- 심사위원이 예리한 질문을 했다고 생각된다면, "정말 좋은 질문입니다."로 대답을 시작한다. 이것은 여러 사람 앞에서 심사위원의 전문성을 칭찬하는 것으로, 심사위원도 사람이니만큼 심사위원의 기분을 좋아지게 만들 수 있다.

[부모의 역할]

질의 응답도 최대한 실전 상황처럼 연습해야 한다. 부모는 엄격하고 냉정한 심사위원처럼 행동하자. 부모는 예상 질문을 만든 후, 발명품 앞에 있는 자녀에게 질문해 보자. 자녀가 대답을 잘한다고 생각된다면 약간의 압박 질문도 해 보자. 여기서 말하는 압박 질문은 자녀의 대답에서 질문거리를 찾아 다시 질문하는 방식이다. 예를 들어 자녀의 대답에 수준 높은 단어가 섞여 있다면, 그 단어의 뜻이 정확히 무엇인지 다시 질문하는 방식이다. 제대로 준비했다면 꼬리를 무는 질문에도 대답을 할 수 있어야 한다. 또한 자녀가 대답할 때 중간에 말을 끊어 버리거나, 약간 자존심 긁는 질문도 연습해 봐야 한다. 세상에는 좋은 심사위원만 있는 것은 아니다.

STEP 8

발명대회의 끝은
특허 출원과 등록

학생발명대회의 마무리는 발명 아이디어를 특허로 등록하는 것이다. 그런데 특허를 등록하는 것은 생각보다 훨씬 어렵다. 특허를 등록하기 위해서는 전문 용어들로 이루어진 출원명세서를 작성하고, 이것을 특허청에 제출하고(출원), 심사를 받아야 한다. 만약 특허청 심사에서 '거절'이 결정된다면 이에 대한 대응도 해야 한다. 이러한 업무를 개인이 직접 수행할 수도 있지만, 너무 전문적인 영역이라 절대로 추천하지 않는다. 다행스럽게도 이러한 업무를 대신해 주는 사람으로 변리사가 있다. 변리사는 특허, 실용신안, 디자인 또는 상표에 관한 사항을 대리하고 그 사항에 관한 사무를 수행하는 것을 업으로 하는 사람을 말한다. 하지만 변리사에게 특허 등록 업무를 맡기면 비용이 많이 발생한다. 변리사를 만나는 것은 마치 변호사를 만나는 것과 같다.

좋은 소식은 우리나라 대한변리사회에 '공익 변리' 제도가 있다는 것이다. 대한변리사회는 무보수로 대리인을 선임해 지식재산권을 보호 받을 수 있도록 지원해 준다. 공익 변리에 대한 자세한 사항은 아래와 같다.

공익 변리의 대상

- 학생
  초등~대학의 재학생(초·중등교육법 제2조, 고등교육법 제2조 및 기능 대학교법 제2조 제1호의 규정에 따른 학교의 재학생). 단, 휴학생 및 대학원 재학생 및 만 30세 이상의 학생 제외
- 기초생활수급자
  국민기초생활보장법 제2조 제2호의 규정에 따른 수급자
- 국가유공자
  국가 유공자 등 예우 및 지원에 관한 법률 제4조 및 제5조의 규정에 따른 국가유공자(2021. 5. 24. 규정 개정에 따라 국가유공자의 가족은 지원 대상에서 제외)
- 장애인
  장애인복지법 제32조 제1항의 규정에 따라 등록된 장애인
- 중소기업(개인사업자 제외)
  중소기업기본법 제2조 제2항의 규정에 따른 기업

공익 변리의 범위

- 출원에서 등록까지(단, 특허청 관납료 일체 개인 부담 출원료, 심사청구료 등)
- 1인당 1년에 1건만 신청(중소기업: 특허출원 이력이 없는 기업 1건)
- 학생, 국가유공자, 장애인, 기초생활수급자는 특허·실용신안에, 중소기업은 최초 특허 출원으로서 특허로 한정(디자인, 상표 제외)

필요한 서류

구분	필요 서류
학생	(1) 공익변리 대리인선임신청서 (2) 발명의 요지 설명서, 도면 (3) 재학증명서 (4) 확인서(교장 또는 학과장 이상의 직인필요, 개인도장 불가) (5) 주민등록등본 또는 가족관계증명서(19세 미만) (6) 위임장(만19세 미만)
기초생활수급자	(1) 공익변리 대리인선임신청서 (2) 발명의 요지 설명서, 도면 (3) 국민기초생활보장법에 의한 수급자증명서류
국가유공자	(1) 공익변리 대리인선임신청서 (2) 발명의 요지 설명서, 도면 (3) 국가유공자증명서

장애인	(1) 공익변리 대리인선임신청서 (2) 발명의 요지 설명서, 도면 (3) 장애인증명서 또는 복지카드(앞뒷면) 사본
중소기업	(1) 공익변리 대리인선임신청서(중소기업) (2) 발명의 요지 설명서, 도면 (3) 법인등기부등본 (4) 사업자등록증 사본

신청 방법

공익변리는 온라인으로 신청이 가능하다. 공익변리는 1~2년 이상의 시간이 필요하므로, 시간적 여유를 두고 선청해야 한다.

- 대한변리사회: https://www.kpaa.or.kr

대한변리사회 홈페이지
학생이라면 무료로 특허 출원·등록을 진행할 수 있다
자료 출처: 대한변리사회

맺음말

누구나 목표는 쉽게 정하지만 그것을 실천에 옮기는 일은 쉽지 않다. '작심삼일作心三日'이라는 사자성어가 괜히 나온 게 아니다. 실천에는 시간과 예산, 그리고 개인적인 노력과 열정까지 더해져야 한다. 그렇게 한다고 해서 반드시 성공할 수 있는가? 안타깝게도 세상은 그렇게 돌아가지 않는다. 성공 바로 옆에는 실패가 존재하며 우리는 성공보다 실패를 더 자주 마주한다. 사람들이 도전을 두려워하는 이유는 바로 실패할 확률은 높고 우리는 실패를 낭비로 생각하고 있기 때문이다. 우리가 투자한 것을 모두 잃어버리게 된다는 불안감은 창조성을 억누르게 만든다.

그래서 발명은 어렵다. 발명은 내가 가진 시간, 예산, 노력, 열정을 투자해 '무無'에서 '유有'를 창조하는 것이다. 게다가 내가 발명을 했다 할지라도 그것을 성공이라고 하기 어렵다. 우리는 발명품이 어느 정도 경제적 이익을 가져오지 않으면 (흔히 말하는 대박 상품이 되지 않으면) 그것을 시간 낭비라고 여긴다.

이런 이유로 사람들은 머릿속으로만 발명을 한다. 실제 발명품 제작에 도전하는 일은 자칫하면 많은 낭비를 가져오고 그렇기에 굳이 할 필요가 없는 일로 여겨진다. 필자도 마찬가지였다. 필자는 직업 특성상 발명과 개발 업무에 친숙하지만 그 이상을 해 보려 노력하지 않았다. 그러던 중 자녀의 학교에서 학생발명대회가 개최된다는 소식을 들었다. 성인에게도 힘든 도전을 아직 어린 학생들이 제대로 할 수 있을까? 학생들에게 발명을 장려하는 일은 교육적으로 어떤 효과가 있는 걸까? 아이들이 맞게 될 실패가 어떤 의미일까? 내가 부모로서 아이의 발명에 어떤 역할을 할 수 있을까?

그 의문이 시작이었다. "발명 대회에 나가 볼까?"라는 나의 말에 아이가 좋다고 해맑게 대답했다. 아마 아이는 우리에게 다가올 많은 실패를 고려하지 않았을 것이다. 앞으로 써야 할 시간이나, 재료비와 부품조달 그리고 발명하기에 적절한 장소를 고민하지 않은 채 머릿속으로는 무럭무럭 발명의 꿈만 키웠을 것이다. 그 모습을 보며 나는 이 책을 집필할 계획을 세웠다. 누군가는 꿈을 꾸고 누군가는 그 꿈을 시스템에 맞게 구조화할 필요가 있다. 그리고 발명에 있어서 그 누군가는 부모가 될 수 있다.

만약 우리나라의 발명 환경이 좋다면 부모가 나설 필요는 없다. 매년 발명 대회가 개최된다고 하지만 우리나라에는 발명 교육을 위한 학교시설과 발명을 전문적으로 가르칠 수 있는 교사가 부족하다. 그것보다 심각한 것이 주거 환경이다. 우리는 대부분 아파트에 산다. 그리고 층간 소음은 아파트처럼 밀집된 환경이 주는 고질적 문제다. 몸을 구르고 발로 뛰며 노는 아이들은 아파트 소음의 주범이 되고 늘 조용히 할 것을 요구받는다. 이런 상황에서 부수고 조립하고 경우에 따라서는 납땜하고 잘라 내는 일이 허락되지 않는다. 단독주택을 가지고 있는 경우라 할지라도 발명을 위한 공간을 내어주는 일은 어렵다. 우리의 주거 공간은 실용성을 바탕으로 경제적 우위로 나뉘어진다. 그 결과 어디에도 발명은 들어설 곳이 없다.

우리나라와 대조적으로 대부분 미국 사람들은 차고지garage가 딸린 주택에 거주하고 이 차고지는 혁신과 발명의 중심 공간이 된다. 미국 과학 기술 교육의 중심에는 이 차고지가 있다고 해도 과언이 아니다. 우리가 익히 알고 있는 미래 선도 기업 HP, 페이스북, 애플 등도 차고지에서 시작해서 성장했다. 이렇듯 미국 청소년들은 새로운 것을 도전할 때 필요한 공간으로 차고지를 선택할 수 있다. 그 안에서 아이들은 자유롭게 상상하고 그것을 현실화시킨다. 게다가 자동차를 스스로 수리하는 미국 부모들은 차고지에 갖가지 장비를 보유하고 있고 그것 또한 아이들의 도구가 되어 발명을 돕는다. 그곳에서의 발명은 아이 스스로 끌어내는 힘이다. 부러울 따름이다.

그렇다면 우리는 어떻게 해야 할까? 대한민국에 태어났으니 발명은 꿈도 꾸지 말라고 할 수는 없다. 우리는 발명을 공적인 영역으로 가져왔다. 그래서 발명 대회를 개최하고 학생들이 발명을 하도록 장려한다. 여기까지는 좋다. 그렇지만 발명을 장려하고 있으면서 발명을 전문적으로 수행하는 전문 교사를 육성하지도 않고 학교 내에 발명 공간이나 도구를 마련해 놓지도 않는다. 간단한 아이디어가 세상을 변화시키는 것을 보면서도 여전히 토대를 마련하지 못하고 있는 것이다. 미네르바의 올빼미는 황혼녘에 날아오른다더니 제도는 언제나 한발짝 늦다. 여기서 부모가 나설 수밖에.

하지만 부모라고 해서 발명에 대해 능통하지 않다. 그런 점에서 학생발명대회 참가는 여러모로 이롭다. 일단은 가이드라인을 제공해 준다는 점, 참고할 자료가 있다는 점, 그리고 마감 기한이 있다는 점에서 좋다. 마감을 정해 놓아야 시간을 유용하게 쓸 수 있다. 그리고 아이에게 도전 의식을 고취시키고 활동에 대한 결과물로 보상이 주어진다는 점도 매력적이다. 우리가 해야 할 일은 간단하지만 아주 귀찮다. 나의 경우 퇴근 후 아들이 요구하는 부품을 함께 구매해야 했고 아들이 작성한 자료도 검토해야 했다. 주말이면 아들과 함께 분리 수거장, 아파트 주변 공터, 목공소 등을 찾아다녔다. 대한민국의 직장인이 하기에는 좀 벅차다. 그렇기에 마음을 단단히 먹지 않으면 중도에 포기할 가능성이 있다. 이 과정을 거쳐서 필자는 아들과 함께 학생발명대회를 완주할 수 있었다. 우리가 얻은 것은 다음과 같다.

- 아들의 창의력이 높아졌다. 일상생활 속에서 느낀 불편함이 있으면 그것을 개선하기 위해 아이디어를 내기 시작했다. 그리고 스스로 해결하기 위해 방법을 모색하고 궁리했다. 주변 기계에 관심을 가지고 원리를 궁금해하며 다루는 법을 가르쳐 달라고 요구했다.

- 아들의 자존감이 높아졌다. 아들 또래의 친구들은 태권도, 미술을 배웠지만 아들은 발명을 배웠다. 그런 독특함 때문에 친구들은 아들을 대단하게 바라본다. 또 아들은 몇차례 전국 대회 학생발명대회에서 입상했는데 그때마다 많은 친구들 앞에서 상을 받았다. 그 일이 자존감 상승에 도움이 되었다.

- 아들의 컴퓨터 능력이 좋아졌다. 학생발명대회에 참가하다 보면 불가피하게 컴퓨터를 사용하게 된다. 덕분에 한글 타자 수가 나날이 향상되고(분당 약 600타) 파워포인트 작성 능력이 일취월장했다. 또 동영상 편집 기술도 익혔다.

- 아들의 발표력이 좋아졌다. 발명의 마지막은 발표다. 아빠와 함께 매일 밤 발표 연습을 하다 보니 발표력이 급속도로 향상되었으며 이는 학교생활에도 좋은 영향을 미쳤다. 특히 카메라 앞에서 발표를 하고 촬영된 영상을 보며 리뷰하다 보니 자신의 단점을 알게 되고 이를 수정할 수 있는 기회를 갖게 되었다.

앞서 기술한 대로 발명은 낭비로 보일 수 있다. 특히 효율성을 중시하는 현대사회에서는 돈 많은 사람들의 취미 정도로 여겨진다. 아니면 TV 방송에 나오는 기인이거나. 아이가 발명을 하겠다고 나서면 부모는 오히려 걱정을 할 정도다. 이 녀석이 제 밥벌이는 하는 사람으로 자랄 수 있을 것인가? 발명 따위 공부에 전혀 도움이 되지 않는 것은 아닌가? 쓸데없는 데 시간을 쓰는 게 아닐까?

여기서 부모의 힘이 필요하다. 관심을 현실로 연결시켜주고 그것을 성과로 남게 하는 일은 부모의 몫이 된다. 발명이 좋은 경험으로 남게 된다면 아이는 스스로 발명을 하는 아이로 성장할 수 있다. 발명을 성장의 거름이 되게 하는 것. 우리가 해야 할 일은 그런 것이다. 오늘도 필자는 두 아들과 함께 학생발명대회 참가를 준비한다. 이 책이 필자처럼 자녀의 창의력을 성장시키고자 하는 많은 부모들에게 도움이 되길 바란다.